インコの心理がわかる本

セキセイインコとオカメインコを中心にひもとく

細川博昭 著

誠文堂新光社

鳥にも心があります。人間の心とまったく同じ、というわけではありませんが、彼らもまた、だれかを好きになったり、怒ったり、期待したり、嫉妬したり、不安になったりします。してほしいことやいやなことを主張したりもします。私たち人間と似ているところが、実はとても多いのです。

飼育されている鳥たちの幸福を、ずっと願ってきました。鳥についての理解が深まることで、彼らがほんの少しでも幸福になってほしいという願いのもと、これまでに何冊も鳥の本を書いてきましたが、本書もそんな気持ちから企画されたものです。

動物の心をテーマに研究する研究者（心理学者など）が増えたこともあって、1990年代から、この分野の研究は急激に進みました。鳥たちの脳や心についての研究報告もたくさん行われるようになりました。そうした最新の情報も折り込んで、インコたちの心を知り、理解するために大切なことをまとめてみました。この本を通して、インコたちの心についての理解が広がり、インコたちの幸福の向上につながってくれたら幸いです。

なお本書では、煩雑化を減らすために、すべてのインコ、オウム類をまとめてインコと記しています。ご了承ください。また、本文中の具体例として、オカメインコ（以下、オカメ）とセキセイインコ（以下、セキセイ）についての記述が多くなっています。同じインコ類でも種によって大きく性格も違っていて、例の幅を広げるとかえってわかりにくくなるため、ここでは筆者が長く生活をともにしているオカメとセキセイを中心にまとめさせていただきました。とはいえ、できるだけインコ全般に共通する内容になるように、必要と思われるさまざまな情報も書き加えています。

本書がインコたちの心を理解するための一助となって、幸せに暮らすインコが今よりももっと増えてくれることを願っています。

2011年5月　細川博昭

いろいろな感情を
伝えてくるインコたち

嬉しいことを体全体で
表現することもあれば

不安になって甘えてくることもある

彼らの心の中をのぞいて、
インコとよりよい関係に！

CONTENTS

鳥のことをもっと知ろう

鳥たちの行動には、一定のきまり（原理）が存在しています。
もちろんインコの生活も、そのルールに支配されています。
インコの心をよく知るために、
まずはそうした行動の原理から紹介してみましょう。

鳥の行動の基本を知る

相手と仲よくなったり、好きになってもらうには、相手のことを知る努力をして、よく理解することが大切です。それは対人関係だけでなく、鳥たちとの関係においてもいえることです。

人間が知るほとんどすべての鳥には、共通する行動の原理が存在します。遺伝子に刻まれた「鳥としての行動の原理」は不変で、人間と生活していても変わることはありません。鳥独特の体の構造と補完的に結びついて、鳥たちの「心」をかたち作る基礎になっています。

インコたちの心理をよく知るために、まずは鳥全体の行動から眺めていきましょう。ともに幸福に暮らしていくためのヒントを、そこに見つけることができます。

鳥たちの行動の基本、心理の基本

鳥たちの行動のベースにあるのは、以下のようなものです。

鳥の基本

1. **群れの中で安心する**
2. **徹底した個人主義**
3. **臆病**（すぐに不安になる）
4. **なにかあったら、まず逃げる**
5. **声とボディランゲージで意思を伝える**
6. **行動パターンは、種よりも食性と体のサイズで似てくる**

鳥の多くは群れで生活していますが、同じく群れで暮らすイヌやオオカミとは本質的に違っています。イヌの群れでは、すべてのメンバーが顔見知りで、人間でいえば地方の村や下町に暮らす人々に近い関係を築いています。一方、鳥の群れのメンバーの関係は、隣にだれが住んでいるのかわからない「都市の人々」に似ています。個人主義の強い鳥は、群れのだれかがいなくなったり死んだりしても、あまり気にしません。住人の入れ代わりが多いマンション生活者に近い感覚です。

それでも、鳥もイヌと同様に、ひとり（一羽）になることを嫌います。見わたして自分だけしかいないと、不安になります。孤独を紛らわせてくれるのは同じ種の仲間ですが、いない場合、人間など、ほかの種の動物がいるだけでも不安感を減らすことができます。不安や孤独感がいつまでも取り除かれないと心の病気を発症してしまうことがあるところも、よく似ています。

鳥の基本❹ なにかあったら、まず逃げる

1 なにかに驚いたり、怖い、と思ったときは……自分が直接怖いものを見ていなくても、だれかの悲鳴が聞こえただけでびっくり。

2 なにはともあれ、まず逃げる。怖くない方向に逃げる。ケージの中では逃げる場所がないため盛大にパニックに。

3 逃げてから、やっとなにがあったのか考える。どうしようか考える前後不覚のまま逃げた場合、自分がどこにいるのかわからなくなることも……。

そもそも鳥って、どんな生き物？

鳥が、かつて地球を支配していた恐竜のあるグループから誕生したことは、すでに疑いようのない事実です。鳥類として生き続けているのだから、恐竜は絶滅していないと声を荒らげる研究者もいます。

恐竜が絶滅する以前から、鳥類の分化は始まっていました。近い種の化石が見つかっていることから、カモの仲間やダチョウに代表される走鳥類は、中生代の末期（白亜紀後期）にはすでに誕生していたという説もあります。

鳥類の進化については、まだまだ不明なことも多いのですが、ひとつだけはっきりしていることがあります。それは、スズメやブンチョウなどが含まれるスズメ目は、鳥類の中で一番最近になって分化したもっとも新しい目であり、おそらくオウム目も同じ時期に分化して世界に拡散したのだろうということ。

スズメ目とオウム目が鳥類の中で一番進化したグループで、哺乳類の中の霊長類の立場と比較することができる、といえばわかりやすいでしょうか。

鳥の体の特徴

鳥の特徴を簡潔にいうと、「軽い」という言葉に尽きます。同じサイズのハツカネズミやハムスターよりもずっと軽いのが鳥。空を飛ぶ、という目的のために徹底的に軽量したためです。世界最軽量の鳥は一円玉２個分の重さもなく、そのヒナにいたっては、大豆一粒と比較ができるほどです。

ただし、飛行を自在にコントロールし、目から入ってくる情報を飛びながら高速で処理するために、脳と目は軽量化の対象にはなりませんでした。むしろ、より高度な働きが求められたため、飛行できる体になる前よりも発達したほどです。そのため鳥は、体のわりに頭が大きくなりました。頭部が大きいことは、ほかの動物と比べてみると一目瞭然です。

ちなみに、コンパクトなサイズで、頭が大きくて目がクリンとしている姿というのは、人間が「かわいい」と感じてしまう条件にあてはまるものでもあります。

インコも含めた鳥たちの平均体温は、約42度。活動のためには多くの食べ物を必要とします。その体重の10パーセントは羽毛で、残る本体の10パーセントは血液です。血液量が多いのは、とても代謝の高い体を維持すると同時に、高度な機能をもった脳に常時、新鮮な酸素と栄養を送り届ける必要があるためです。高度に発達した人間の脳が、酸素と栄養を常に必要としているのと同じです。

オウム目とスズメ目は、すべての鳥類の中でもっとも進化したグループであると考えられています。上からズグロシロハラインコ、オカメインコ、セキセイインコ、カナリア、ブンチョウ、ジュウシマツ。

イヌやネコとの比較

つきあってみると、インコには鳥独特の性質のほかに、イヌやネコに似ているところが見つかります。それは鳥たちの心に、イヌやネコに近いところが存在する証拠でもあります。

イヌとインコ

イヌも、インコを含めた鳥も、群れの生活者です。両者の群れの違いは先に解説したとおりで、メンバー間の意識上の距離感は、鳥の方がかなり遠い感じもありますが、それでも群れの中で生きるために必要な一定の社会性は身につけています。

鳥は、さえずりやしぐさなどから相手の意図や感情を読み取ったり、危険な相手やエサのありかなどについて鳴き声（音声）で仲間に伝えたりします。同じ種、近い種なら、教わらなくても理解できる「警戒音」となる鳴き声も存在しています。

イヌは人間の視線を追うことができ、人間がなにを見ているのか知ることで人間の意図を察することができますが、カラスやインコなどの鳥も、それに近いことができます。しかしそこには、違いも存在しています。

イヌの場合、人間の希望に応えることに満足感や幸福を感じるため、視線から人間の行動を先取りして実行することも多いのですが、たとえばインコが人間の視線や表情やしぐさからその意思を理解したとしても、必ずしもそれに沿った行動を取るとはかぎりません。インコが優先するのは自分の気持ちや思惑です。わざと人間の意思に反する行動を取ることもあります。

ネコとインコ

ネコは基本的に単独生活者。本来は、群れることもなく、唯我独尊で暮らしたい生き物です。しかし、人間との長い暮らしから、自身の心に子ネコの要素を残すことで、大人になっても人間を親ネコと見て甘え、それによって人間とよい関係を維持することを学びました。

そんなネコにとって、飼い主である人間との関係は常に１対１。ほかのだれか（人間であったり、ネコであったり、ほかの動物であったり）に対しても、やはり１対１。その相手と自分、という意識になります。

飼育されているインコの場合も、どうやら意識はネコに近いものになっているようです。

群れの生活者でありながら、都市に暮らす人間のような個人主義者でもある鳥にとっては、飼い主などの人間と向き合っているとき、その鳥の意識は１対１に限りなく近づき、群れの一員という意識はかなり希薄です。

人間と鳥の似ている点

インコやブンチョウなどの鳥たちと暮らしながら、「大きさも違うし、体の構造も似ていないのに、どうしてこんなにわかりあえるんだろう？」と首をひねっている方もいるかもしれません。

翼こそありませんが、実は、哺乳類の中で「一番鳥に近い」のが、私たち人間なのです。

人間を含む霊長類は、「すべての哺乳動物の中でもっとも鳥類寄りの進化をしてきた動物群」。祖先が鳥たちと同じような環境——樹上に適応して、いまの人類が誕生しました。そして人間は、声を使って会話をするなど、鳥たちと同じようなやり方で日常のコミュニケーションをしています。だからこそ、人間と鳥は意外によく理解しあうことができ、たがいに深い共感も得られるわけです。

大きく似ている3つの点

人間と鳥が近いのは、以下の３つの点です。

- **音と色について、同じ世界を共有する**
- **ともに、もともとが樹上生活者**
- **声とボディランゲージでコミュニケートする**

人間の祖先である原始的なサルは、弱い生き物でした。地上で安全に暮らすことができなかったため、彼らは樹上に逃れ、夜行性がほとんどだったほかの哺乳類と生活がぶつからないように昼行性に移行しました。

人間を含むサルの仲間の目が顔の正面にきて両眼視できる領域が広がったのは、枝から枝へ移る際に距離を誤って転落死しないための進化でした。手相占いや本人照合に使われる指紋や掌紋も、樹から落ちないための「滑り止め」として発達したものです。ちなみに鳥の足の裏にも掌紋がありますが、こちらも枝から落ちないための滑り止めとして発達しました。

私たちが現在、哺乳類としては例外的にカラーの視覚をもっているのも、鳥たちと同じ昼間の生活に適応したためであり、衰えた嗅覚のかわりに視覚に頼って、「食べられるもの・食べられないもの」を判別するためでもありました。鳥たちもまた、フルカラーの視覚を使い、熟した実や毒のある実の判別をしていることがわかっています。

音声によって情報を伝達しつつ、ボディランゲージを使ってそれを補足したり強調したり、音声では伝えきれない感情や意思を伝えあうのも、人間と鳥に共通するコミュニケーション方法です。

音声とボディランゲージで意思や感情を伝えるのは、
鳥と人間に共通するコミュニケーション方法です。

声と身ぶりで意思を伝える鳥

鳥のコミュニケート術について、もう少しだけ詳しく解説してみます。

鳥は人間のように「単語そのものに意味があるような言語」をもちませんが、さまざまな声を使い分けることで情報を伝えあったり、特定のメロディで歌い、踊ることで、意中の相手に愛を伝えたりしています。同種の鳥は、相手の動作や羽毛の状態を見て、気持ちや思いを感じ取ることができます。

声による意思の伝達

鳥が発する声には、「地鳴き」と「さえずり」があります。

このうち「さえずり」は、比較的最近になって進化した鳥のグループだけがもつ声です。

ひとことでいえば、鳥が生まれながらにもっているのが「地鳴き」、学習して身につくのが「さえずり」。その詳細は右ページのとおりです。

インコのおしゃべりの習得過程には、さえずりの学習に近い部分があります。模範となる師匠の歌を脳の中に完全コピーし、その歌にぴったりと重なるように修正を重ねながら練習していくのがさえずりの学習方法ですが、インコがことばや口笛を覚える際にも近いことが行われています。

この学習には明確なタイムリミットがあり、一定の週齢、月齢までにしゃべる（歌う）練習を始めないと、大人になってもしゃべられない（歌えない）鳥になる、といったところも共通する点です。

ボディランゲージ

声の地鳴きと同じように、ボディランゲージに関する基本情報も遺伝子の中に刻まれています。ただし、相手の気持ちを読み取る能力には、もともとの資質や育てられ方によって個体差ができてきます。鳥の中にも、相手の感情に敏感な鳥もいれば、「空気が読めず」に失敗してしまう鳥もいる、ということです。

地鳴き

[目的]

仲間に危険を知らせる、親に空腹を伝える（ヒナの場合）など

[特徴]

- 多くの場合、一音節（単音）で短い
- 声を出そうと意識せずに発せられることも多い
- その種の鳥が生まれながらにもっている声で、訓練の必要がない
- 同種の鳥ならば、だれもがその意味を理解する

さえずり

[目的]

メスの獲得、ナワバリの獲得（維持）

[特徴]

- 複数の音節から構成され、長く続くことも多い
- 人間の耳には音楽的に聞こえることもある
- 明確な意思のもと、発声する
- 学習によって獲得するため、巧くなるには練習が必須
- 一定の週齢、月齢までに模範の歌を聞いて覚える必要がある

column1

似ているところに愛しさを感じます

人間は、相手に自分と似ているところを見つけるとほっとして、その相手に対する心の垣根が少し低くなります。それは動物に対してもいえるようで、いっしょに暮らす相手（ペット、コンパニオン・アニマル）を選ぶとき、見た目か行動について自分に似たところがあると直感した相手を選んでいる傾向があります。

特にイヌについてはそれが明確で、飼い主と飼い犬の写真を並べて第三者に見てもらい、似ているイヌと飼い主を「組み」にしてもらう実験をすると、かなりの高確率で飼い主と飼い犬のペアが選び出されるという結果が日本や欧米で出ています。とても興味深いことです。

こうした事例を見ていると、いっしょに暮らす相手に鳥を選び、特定のインコを選んだことにも、なにか深い意味があるように思えてきます。

人間の中でも特に鳥的要素が強い人が、コンパニオンとして鳥を、インコを選んでいると考えるのは、うがちすぎでしょうか。

おもしろいことを見つけて遊び始めると時間が経つのも忘れてしまうところとか、意地を張りすぎて失敗するところとか——。一番長くいっしょにいたオカメ（男子）は、そんなところが自分にそっくりでした。

2章

鳥の心、鳥の体

鳥は、人間に近い五感をもっています。
鳥たちが見ている世界、聞いている音を知ることで、
その心のかたちが見えてきます。

鳥にとって、世界はどんなもの？

鳥たちが暮らす世界。

それは、色鮮やかで、さまざまな音に満ちている場所。風が吹いたり、雨や雪が降ったり、強い日差しが何日も続いたりする場所。なにか思ったとしても、思い通りになるとはかぎらない場所。自分を狙う敵がたくさんいて、一瞬たりとも気を抜くことができない危険な場所――。

肉食の哺乳類や猛禽類はもちろん、極小サイズの鳥にとってはカマキリなどの昆虫でさえも危険な存在です。水辺では、肉食の爬虫類や魚類に襲われることもあります。世界は危険に満ちています。

そんな場所で、一瞬一瞬を大事に、精一杯生きているのが鳥です。

そんな鳥にも、優れた武器がひとつあります。それは、空を自在に飛び回ることのできる翼です。

翼は、飛んで逃げること、戦うこと、エサを探すこと、繁殖の相手や巣

に適した場所を見つけることなど、生活のすべてに役立つ有効な武器です。そして、その翼を最大限に生かすための重要な道具。それが、目です。

鳥の心は、暮らしている世界と五感でかたち作られる

上空から地上のエサを見つけたり、遠方で狙っている猛禽を見つけたりするために発達した視力。生きていくために鳥は、徹底的に視覚を磨き上げました。一方で、空中生活が増えたことで、なにかの匂いをかぐ機会は極端に少なくなりました。しかし、視力をたよりに生きることを決めた鳥にとって、そのデメリットはあまりありませんでした。

進化によって生じたこうした生活スタイルの変化は、鳥の心のありかたに大きな影響を与えたと考えられています。五感の使用頻度によっても、心の働きが変わってくるからです。

そのため、まずは鳥たちの五感と、心のありかたに強く影響を及ぼしている体の構造の特徴について解説をしてみましょう。感覚として人間に近いところ、遠いところがわかると、その理解は大きく前に進むはずです。

鳥たちが見ている世界：視覚

インコほか、多くの鳥は広い視野をもっています。それが人間と一番違っているところです。

人間の片目の視野は約160度。両目で見える範囲は最大約200度で、前方しか見えません。一方、インコたちの視野は片目でも180度以上。両眼では300度を超えます。真うしろや体の陰になる部分を除いて、周囲のほとんどが見えています。

ただし、視界が広い分、両眼視できる範囲はかなり狭まります。

だからといって、鳥たちが距離感をつかみにくいかといえば、そんなことはありません。鳥たちは、視覚からの情報を高いクオリティで処理できる高機能の脳をもっています。たとえ片目で見たものであっても、正確に距離をつかみ取ることなど、鳥にとってはたやすいことです。

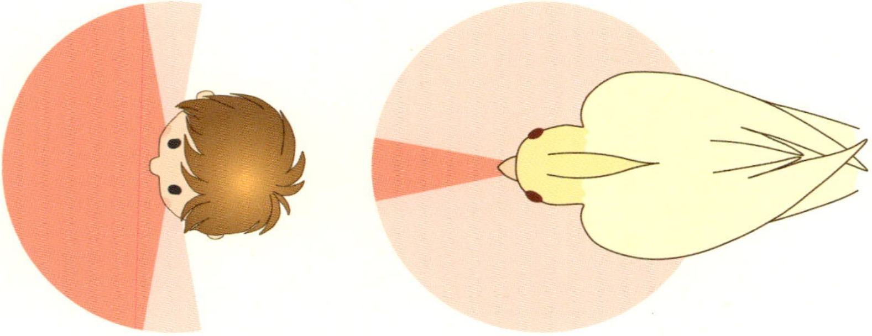

【図1】人間の視野と鳥の視野

濃い色の部分が両目で見える範囲。
薄い色の部分が片目で見える範囲。

また、人間では目のピントが合う範囲が非常に狭い領域に限られますが、鳥たちは距離（奥行き）的にも横幅でも人間の数倍の範囲でピントを合わせることができます。

もうひとつの特徴

あまり知られていませんが、実はもうひとつ、鳥の目には大きな特徴があります。それは、2点を同時に見ることができることです。

人間の目は、網膜の中心に視細胞が集中している場所があり、そこに映像を映し出すことで世界を見ています。一方、鳥たちの目には視細胞が集中している場所が眼球内に2つあるため、地面や木の枝など目から近い場所と、少し離れた場所を同時に見ることができます。

鳥たちが見る色の世界

私たちは3原色のフルカラーで世界を見ています。カラーの視覚をもつのは、目の中に3種類の色を識別する細胞（視細胞）があるためです。

ほとんどの哺乳類は2種類の細胞しかもたないため、完全なカラーの視覚をもっていません。哺乳類の遠い祖先はフルカラーで世界を見ていましたが、進化した子孫の多くが夜行性であったことから、完全なカラーの視覚を必要とせず、それよりも暗闇でも見える目をもつように自身の目を作り替えていきました。

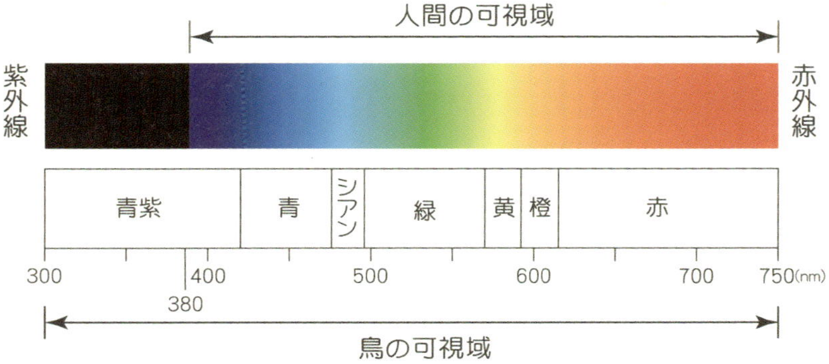

【図2】人間と鳥の可視領域の違い

これに対し、鳥の目には、人間よりもひとつ多い4種類の視細胞があります。種類が多いということは、より細かい色の識別が可能ということ。加えて鳥たちは、人間には見えない紫外線の一部も見えています。つまり、見える光の領域は人間よりも鳥たちのほうが広いのです。

細かく色がわかると、食べられるものが識別しやすく、その鮮度や熟度もわかりやすくなります。仲間の個体識別や、親子の識別もしやすくなります。そうしたことから、何億年もカラーの視覚を維持し続けたと考えられています。

なお、現在の鳥類がこうした色覚をもつということは、その祖先にあたる恐竜たちも紫外線まで見えるフルカラーの視覚をもっていた可能性を示唆します。とても感慨深いことです。

鳥の視細胞

人間も鳥も2つのタイプの視細胞をもっています。ひとつは光を感じるもの、もうひとつが先にもふれた色を感じるものです。

光を感じる細胞は「杆状体(かんじょうたい)(ロッド/杆体)」と呼ばれ、色を感じる細胞は「錐状体(すいじょうたい)(コーン/錐体)」と呼ばれています。

人間がもつ錐状体は「赤、緑、青」です。これに対して鳥たちは、「赤、緑、青、紫」をもっていて、このうち人間にはない紫の錐状体が紫外線領域をカバーしています。

人間に見えるのは、380〜750ナノメートルの波長の光で、この領域を可視領域と呼んでいます。鳥たちが感じることのできる光は、長波長側では人間とほとんど変わりませんが、いわゆる紫外線領域である短波長側は、どの種の鳥も360ナノメートルまではふつうに見えているようで、種によっては300ナノメートルまで見ることができます。このあたりの光が鳥たちにどのように見えているのかは、もう想像することもできません。

暗闇での視力

鳥は暗くなると目が見えなくなると思われがちですが、そんなことはありません。ニワトリは確かに暗くなると急激に視力を失いますが、オカメやセキセイなどのインコは、それなりに暗くなっても一定の視力を維持しています。

ただ、薄暗闇に目が慣れる、いわゆる「暗順応」は人間よりも遅いことが確認されています。部屋を暗くしたとき、人間は10分もするとそれになれますが、インコは暗闇に慣れるまで、その何倍かの時間を必要とします。

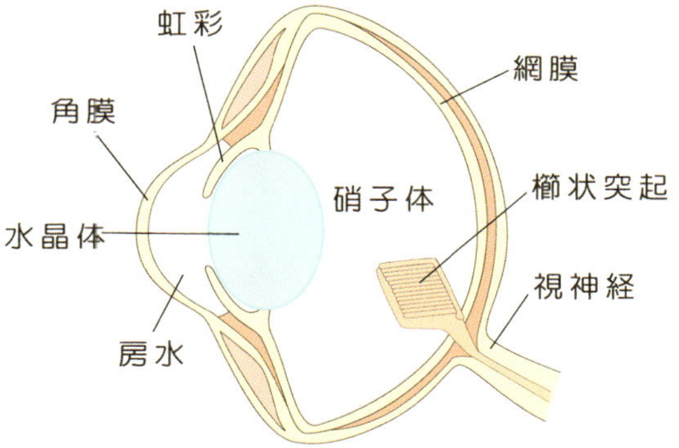

【図3】オカメやセキセイの目の構造

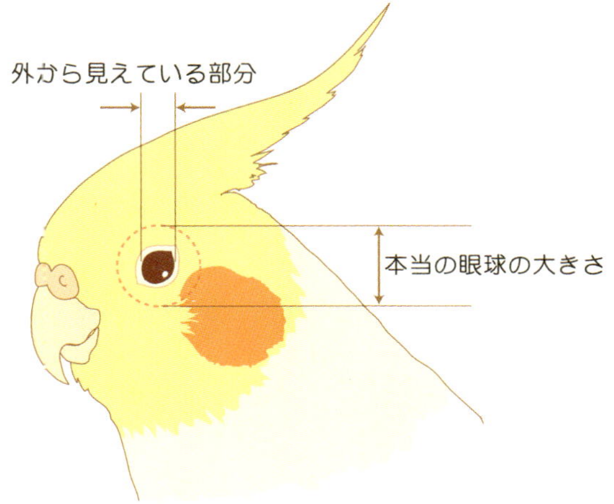

【図4】本当の目の大きさ

鳥たちの目（眼球）は外から見えているよりもずっと大きく、頭蓋骨の中で大きな領域を占めています。鳥たちにとってはそれだけ視覚が重要、ということです。

鳥が聞く音や感じる味：視覚以外の五感

聴覚

一般的な鳥の可聴域はおおよそ200〜10000ヘルツで、セキセイやオカメの聴力も、ほぼこれに準じています。人間の可聴域が16〜20000ヘルツですから、人間よりもいくぶん狭い感じになります。

身近な音源をもとに解説するなら、ふつうに調律されたピアノの最低音は27.5ヘルツで最高音は4186ヘルツなので、ピアノの最低音は鳥の耳には聞こえていないということになります。しかし、低い音は骨の震動からも感じ取ることができるため、この音域の低い音を鳥たちが本当に知覚できないかどうかは不明です。

一方で、イヌやネコにはよく聞こえ、彼らが生活に利用している2万〜6万ヘルツの音は、鳥には確実に聞こえていません。犬笛を吹いても、鳥にはなにも感じられません。

こうした鳥の可聴域の狭さは、鼓膜の奥にある蝸牛管(かぎゅうかん)や音を伝える骨（耳小骨）が単純な構造をしていることが大きく影響しています。

ただ、音を分解して聞き分ける能力は、人間よりも、ほかの哺乳類よりもずっと発達しています。

● 聞いた音を正確に記憶する

鳥類の中でも特に鳴禽類は、「聞いた音を正確に記憶する能力」が高いことがわかっています。さえずりを学習するにあたっては、師匠となる鳥の鳴き声を細部にいたるまで完璧に記憶し、覚えた師匠の歌を頭の中でなぞるようにして練習をします。

歌いながら自分の声を耳で聞いて、脳の中に残っている師匠のさえずりと比較しながらずれているところを修正していくわけです。何度もそうしたフィードバックを行うことで、より完璧なさえずりに近づいていきます。

● インコの耳

哺乳類の多くには「集音器」の役割をもつ「耳介」があって、私たちはこれを「耳」と呼んでいます。ネコの耳、ウサギの耳、人間の耳、耳と認識しているのは耳介です。

一方、オカメやセキセイなど、インコの耳に耳介はありません。ただ、穴が開いているだけです。しかし、その部分の羽毛（耳羽）をかきわけてよく見ると、穴の周りに皿状のくぼみがあることがわかるでしょう。このくぼみが哺乳類の耳介の役割を果たしていて、集音の効果をもっています。

ただ、固定されたくぼみなので、形を変化させたり方向を変えて音源を突きとめることができません。鳥たちがよく首を動かしているのは、頭の角度を変えることで音がでている場所を視認すると同時に、もっともよく聞こえる位置に頭の角度を変えることで、音源を正確に把握するためです。

視覚と聴覚から得られた音源の位置は、インコたちの脳の中で正確に地図化され、場所と音の正体（危険性）が判断されることになります。

オカメの場合、頬のチークのちょうど真ん中あたりに耳があります。

味覚

味覚は、舌の表面や口腔内にある「味蕾（みらい）」と呼ばれる細胞で感じとっています。ハトやニワトリの舌にある味蕾は人間の百分の一以下ですが、インコの場合はもう少し多そうです。

甘いもの、しょっぱいものなども含め、オカメもセキセイも食べ物の味はしっかりわかるようで、味や舌触りなどで、好きなものと嫌いなものを選別して食べています。鳥によっては、ボレーをクチバシでくわえこんで、その表面を舌先でしゃぶるようになめて、かすかに残る塩味を味わっているようすも観察されています。

人間は幼児期や成長期に食べたもので食べ物の好みが変わってきますが、オカメやセキセイにもこれに近いものがあるようで、若い時期の食経験で成長後の好みが変わってきます。味や食感の好みが一度定着してしまうと、変えることは極めて困難です。

触覚：触感、温感

羽毛は生きた細胞ではないため、羽毛自体に触覚はありません。しかし、センサーとしては十分に機能していて、なにかが羽毛に触れると羽軸を通して皮膚へ、皮膚から脳へと伝わります。鳥どうしが相互にする羽繕いや人間になでられた感触も、羽毛を通して皮膚に伝わり、快感あるいは「好ましいもの」と、その脳が判断します。

なでて、とやってくるインコは、触感的に得られる肉体的な快楽や、心が感じる快感がほしくてそうしています。逆に、よく馴れているにもかかわらず、羽毛に触れたり、なでられたりすることを嫌うインコの場合、人の手が触れた感触を「好ましくないもの」と感じて拒否していると考えることができます。

なお、温度を感じる冷点や温点、痛みを感じる痛点は鳥の体の全身に分布していますが、密度は人間の皮膚に比べて粗いといわれています。

嗅覚

夜行性のキウイなどは嗅覚がとても発達していますが、インコ類など一般の鳥はあまり発達していません。しかし、鼻腔の奥には確かに嗅細胞が存在し、脳から神経も伸びています。レベルはまちまちですが、まったく匂いがわからないということはありません。

コザクラインコは鼻腔が目立たない

セキセイインコは鼻腔が目立つ

人間の味覚が嗅覚情報とセットになって構成されているように、インコの嗅覚も味覚に影響を与えているのかもしれません。

軽量化のために失った「豊かな表情」

人間の顔には、表情を作るためのたくさんの筋肉（表情筋）があります。いくつもの筋肉が縦横に伸びていて、それらを意識／無意識に動かすことで、笑う、怒る、困る、驚くといった表情が作られています。

人間よりは少ないものの、同じ哺乳類であるイヌの顔にも表情を作る筋肉があり、笑ったような表情や怒った表情を作ることができるようになっています。

それに対し、鳥たちの顔には表情を作るための筋肉がほとんど存在していません。鳥は飛行できる体を得る際、徹底的に体を軽量化する過程で、口をクチバシに変え、それまで顔に存在した筋肉のほとんどを捨て去ってしまいました。

その結果、鳥の顔には、まぶたを上下させる筋肉やクチバシの開閉に必要な筋肉を除いた表情筋がほとんど存在しなくなり、鳥の顔からは複雑な表情が消え去ってしまいました。

顔の表情のかわりに体全体で表現！

かつては完全否定されていましたが、今では鳥たちにもちゃんと「心」があることがわかっています。それがどんな心で、どこが人間と似ていて、どこが違っているのかなど、まだまだ研究と解析が必要ですが、彼らの心にもさまざまな感情があるのは確かです。「表情を作ることができない」＝「感情がない」ではないのです。

鳥たちは、顔に表情を浮かべることができないかわりに、動作や声で感情を伝えることができます。鳥たちは顔つきではなく、体全体で気持ちを表現する生き物だといっても過言ではありません。

顔に表情を作ることができなくなったからこそ、歌を歌い、ダンスをして意中の相手とコミュニケーションをするようになったのです。鳥がたどった軽量化の歴史もまた、鳥のコミュニケーションと心の進化に影響を与えた重要な要素だったわけです。

興奮して虹彩を
収縮させる

体全体で威嚇する

なでられて目を閉じ
うっとりする

表情筋が減ったとはいえ、生理的な反応は顔にあらわれます。たとえば緊張しながらなにかを凝視しているときには、人間と同じようにまばたきの回数が減り、クチバシの動きなどの動作がぎこちなくなったりします。

特徴的な鳥のクチバシ

翼が退化して貧弱になったり、完全になくなってしまった鳥はいますが、クチバシがなくなった鳥はいません。それだけクチバシは、鳥にとって重要な器官です。

食べること、呼吸すること。いわゆる口としての機能をもつだけでなく、鳥のクチバシは人間の手や指のかわりをするものでもあります。ヒナにエサを与えたり、つがいの相手に吐きもどしたり、プレゼントを渡したりするほか、尖ったクチバシの先端を使って場所や方向を指示することもあります。

インコ・オウム類にとってクチバシは、ほかのどんな鳥以上に手や指の働きをしています。登ったり降りたり、左右に動いたり、ケージの中を移動する際、クチバシは移動の「手」として便利に使われます。もち上げたり、投げたり、支えたり、しがみついたりといった人間が手でするような作業を、クチバシを使ってやったりもします。

センサーとしてのクチバシ

クチバシが鳥にとってのカナメであることは、クチバシを中心にした狭い領域に五感のすべてが集約されていることからもわかります。

匂いを感じ取る鼻はクチバシの上部にあります。さらにそのななめ上に目があります。耳は、鼻と目とで三角形をかたち作る位置にあります。また、なにかをくわえたり、かじったりする際、クチバシの当りや舌に触れた感触で、触れたものの材質や温度、質感がわかり、同時に味もわかります。

クチバシを中心とする感覚器から得られる情報が統合されて脳に送り届けられることで、鳥たちはさまざまなことがらを関連づけて記憶したり、それをもとに判断したりしています。

インコは日常的にさまざまなものをくわえたり、かじったりしていますが、その際には目で見て視覚的に確認すると同時に、嗅覚と触覚と味覚も働かせて、かじったものがなんなのか確認したり記憶したりしています。

このとき脳に送られて処理されている情報は、ほかの鳥よりも幾分、多いのかもしれません。人間が手を使うようになって脳を進化させ、今の人間になったように、インコたちも日常的にクチバシを使う生活を続けてきたことで（ほかの鳥たちよりも密度濃くクチバシを使い続けてきたことで）、脳が活性化して、より高度な脳機能をもつようになったと考えるのは、不自然なことではありません。

インコたちにとってクチバシは、ほかの鳥たちにまして、重要な器官です。

眠りは安らぎ

あらゆる生物にとって眠りはとても重要ですが、脳が発達した生物にとっては、眠りはさらに大きな意味をもちます。

体を休ませる眠りと脳を休ませる眠り、「ノンレム睡眠」と「レム睡眠」。私たち人間にも、イヌやネコにもノンレム睡眠とレム睡眠がありますが、インコたち鳥類にもノンレム睡眠とレム睡眠があります。哺乳類と鳥類だけが特別な眠りをもっているわけです。そして、レム睡眠のとき、おそらくインコたちも夢を見ていると考えられています。

ただし、哺乳類が数分〜数時間という長い睡眠サイクルをもっているのに対して、鳥類の睡眠サイクルは数十秒から数分単位が基本です。短い眠りでは寝た気がしない人間と違って、インコたちは短い眠りの積み重ねで一日に必要な十分な睡眠時間を確保することができます。

クチバシを研ぐ音

眠くなったインコは、上下のクチバシをこすり合わせるようにして、よくギョリギョリという音を立てています。眠る直前のタイミングでなぜこの行動をするのかよくわかりませんが、飼い主にとってその音は、インコが眠くなったことを知る大事なサイン。その音を耳にすると幸福感を感じるという人も少なくありません。

なお、このギョリギョリと前後して、言葉にならない言葉をモゴモゴいっていることがありますが、これは寝言ではありません。覚えかけの言葉を、脳の指示に従って反復しているために発せられる声で、言葉を話し始めた人間の幼児がモゴモゴとつぶやくのと基本的に同じものです。一般に、「喃語（なんご）」と呼ばれています。

こうしたケースは言葉の練習であることがほんどですが、眠っているはずの深夜に比較的明瞭な声でなにかをしゃべっていたら、それは寝言かもしれません。オカメなどでは少ないものの、ヨウムなどの大型のインコの場合、よく寝言をいう鳥もいるようです。

心も知性も脳に宿る

1990年代からの20年で、鳥の心や脳についての研究は驚くほど進みました。停滞していたそれまでの200年はいったいなんだったのかと思うほどの大進歩です。

この進歩には、記憶や判断といった「脳の認知のしくみ」について研究する心理学者が、それらを解明するための手がかりにしようとハトやブンチョウ、カラスなどの鳥に強く注目するようになったことが大きく影響しています。

心理学者が本当に知りたかったのは、人間の認知と脳の関係、その発達の歴史（進化の歴史）でした。それを知るためには、チンパンジーやゴリラといった人間に近い種や、種としては遠くても似た反応を見せる動物との比較が重要と考えたのです。

サルやネズミとともに研究の対象となったのが、ブンチョウやジュウシマツ、キンカチョウ、ヨウム、セキセイインコ、ハト（ドバト）、カラスといった鳥たちでした。

心理学の発展に大きく貢献した鳥たち。

鳥類と哺乳類だけがもつ特別な脳

生命の維持や運動をつかさどるとともに、記憶したり判断したりする「認知」のための最重要器官でもある脳。人間と同様に、イヌもネコも小鳥も、脳で考え、さまざまな判断を下しています。

研究が進むにつれて、カラスやインコの脳は、当初、予想されていた以上に大きく、さらには独自の進化を遂げていたことがわかりました。

詳しい解明が行われた結果、ずっと「原始的」と見なされていた鳥の脳には、まったく異なるしくみをもちながらも、哺乳類の大脳皮質ときわめて近い機能をもった部位が存在していたことがわかったのです。

鳥の大脳がブロックごとに情報をやりとりしていることも確認できました。また、哺乳類と同じように、「海馬」が記憶と深く結びついていたことも判明しました。

鳥は馬鹿ではなく、とても高度な脳をもった生き物でした。それがわかったのは比較的最近のことで、20世紀も残りあと数年というころでした。

脳重の比較

動物の脳の発達ぐあいは、体重に対する脳の重さ（脳重）を数値化したり、グラフ化したりすることでビジュアル化することができます。

次ページに掲載した「脳重と体重の関係の図」は、そうしたことがわかる資料のひとつです。

図中で哺乳類と鳥類が、魚類や爬虫類に比べて上に分布しているのは、哺乳類と鳥類がほかの動物たちに比べてより重い脳をもっていることを示しています。「大きな脳が頭蓋骨の中にぎゅうぎゅうに詰まっているのは鳥類と哺乳類だけ」といったいいかたをすると、よりわかりやすいでしょうか。

一方で動物は、体が大きくなるほど脳も大きく、重くなる傾向があります。それは人間を含めた哺乳類だけでなく、魚類でも両生類でも同様です。

もちろん鳥たちもそうで、大きな体の鳥のほうが重い脳をもっています。下の図で鳥類ほかの動物がそれぞれ、右上に向かって斜めに広く分布しているのは、そうした事実を示しています。

具体的な例を挙げるなら、「体の大きな大型インコやカラスは、ジュウシマツやセキセイインコよりも大きな脳をもつ」ということです。

この図のどこでもいいので、縦に一本線を引いてみてください。縦の線は、動物が同じ体重であることを示します。線の上で上にいけばいくほど、脳が重いことを意味します。

なお、図では、私たち人間やチンパンジーを含む「霊長類」を特別な枠で囲みました。そしてその枠は、鳥類を示す枠と接触しています。オカメやセキセイが属するインコやオウムの仲間とカラスの仲間は、鳥類の最上部、霊長類と接しているこのあたりに分布すると考えられています。

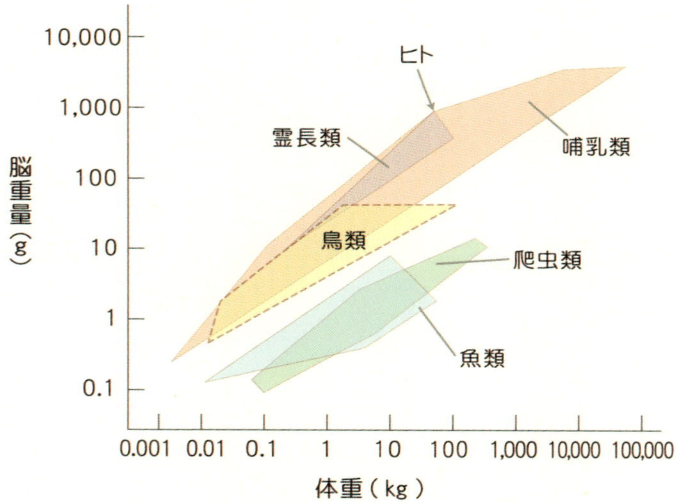

【図5】脳重と体重の関係

Jerison H J, Evolution of the Brain and Intelligence,Academic Press, New York, 1973. より改変

大型のインコとカラス類が頂点！

アイリーン・ペッパーバーグ博士が、ヨウムのアレックスの行動実験を通して、大型のインコが高い知性をもつことを示したことは記憶に新しい

ことでしょう。また、カレドニアガラスやミヤマガラスといったカラスの仲間がエサを得るための道具を自作したり、その道具を実際に持ち歩いたりすることも知られています。

オウム目の鳥たち、そしてスズメ目の中のカラスの仲間たちが、鳥類の中で哺乳類でいうところの霊長類にあたる領域に位置していることは確かなようです。

脳化指数

下の表は体重と脳重の関係をある特殊な方法で数値化した「脳化指数」と呼ばれるものです。脳化指数の計算方法はいくつかありますが、以下は人間を 10 としたときの動物たちの脳重の値を示したものとなっています。この数値が大きいほど、脳が重く、発達していることを示しています。

なお、ここにはイヌやネコの数値が入っていません。同じ方法で計算すると、それぞれ 1.8、1.6 前後になると考えられています。つまり、カラスの方がイヌやネコよりも比率的に脳が重い、ということです。

この数値がそのまま知性の高さを示すものではありませんが、カラスがイヌやネコを超え、サルに匹敵するほどの知性を有する脳をもっているのは確かなようです。なお、ヨウムなどの大型のインコはカラスに近い数字を示すと推測されていますが、明確な数値はまだ報告されていません。

種 類	脳化指数
ヒト	10.0
チンパンジー	4.3
カラス	2.1
サル	2.0
ネズミ	0.6
ハト	0.4
ニワトリ	0.3

【図6】脳化指数の表

値が大きいほど脳が重いことを示しています
（※慶應義塾大学プレスリリースより転載）

心を発達させたのは子孫繁栄のため

2010年末、「ブンチョウはモネよりピカソが好き」というレポートが慶應義塾大学から出されました。この分野の研究に大きな功績をあげている心理学の渡辺茂教授の研究室からの発信です。渡辺教授は、ヨウムのアレックスの学習について研究成果がまとめられた『アレックス・スタディ』（共立出版）の翻訳者でもあります。

以前より、ハトやブンチョウやインコについて、色や音楽の好みがあることが指摘されていましたが、今回のこの報告は、「鳥の心にも、やはり好みのタイプが存在する」という主張を補強するものとなりました。

鳥たちが「心」をもつことは疑いのない事実です。人間とは違うものの、似ているところも確かにあります。何億年も前に進化の枝を別れた違う生き物が同じような心をもっていることは驚きでもあります。

しかし、なぜ鳥たちはこんなふうに脳や心を発達させたのでしょうか？

なぜ心を発達させたのか？

オウム目やスズメ目は、比較的最近になって進化したグループであることがわかっています。先行種を駆逐して、世界じゅうに拡散するには、より高度な脳が必要だった——。そんな指摘もされていますが、もうひとつ、わかっていることがあります。

それは、雌雄間の恋の駆け引きも、脳や心を進化させる要因になった、ということです。

オスはメスを、メスはオスを見くらべて、「こっちがいい」と判断します。それは、生き延びる力をもつ強い子を生み出すためです。より多く子孫を残せる可能性をもつ相手を「好ましい」と思うようになり、それが「心」を発達させる要因となったのは確かです。

そうした判断を身につけるにあたり、生殖や繁殖に関係しない身近なものや状況についても、「好き」「嫌い」の判断を下すようになったのだと考えられています。そして、好みの確立は「比較」という概念を心に植えつけ、それがさらに脳、ひいては心の発達を促す結果になったと考えることができます。

動物の「好み」が進化の中でどのようにかたち作られていったのか、という研究も始まっています。

好きになれるかどうかという「心」が、繁殖相手を選びます。写真は上からカナリア、ボタンインコ&ヤエザクラインコ、マメルリハ。

実は鳥は頭がいい！

人間が動物よりも優れている根拠として、「人間は道具を使えるけれど、動物は道具が使えない」ということがよく挙げられます。

先進の工業製品に囲まれて暮らしているという点では事実かもしれませんが、「道具の使用」という点にかぎっていうなら、それが正しくないことは明らかです。

チンパンジーが石や木の棒などを道具にしてエサを取っているのは有名ですし、石を使って貝を割っているラッコの例もあります。また、自動車にクルミを轢かせて割って食べているカラスがいることも国内では有名な話。これはテレビのコマーシャル映像などにも使われています。

実は、なんらかのかたちで道具を使うことのできる種は、鳥類が圧倒的に多いのです。チンパンジーなどの霊長類の一部、ゾウ、イルカやラッコなど、哺乳類ではごく一部の動物だけが道具を使う一方で、道具を使える鳥の数は、両手両足の指を合わせた数を軽く超えています。

つまり、インコやカラスの仲間だけがかしこいのではなく、鳥類全体が知的な行動をすることができる高度な脳をもっているということです。「鳥はバカ」どころか、とても知的な生き物でした。

もちろん、そんな鳥たちの中で、カラスとインコの仲間がさらに特別な頭脳をもっているのもまた事実です。

鳥たちにはこんなこともできる

南太平洋のニューカレドニアに暮らすカレドニアガラスは、だれに教えられることもなく、さまざまな植物を道具に加工し、それを使って昆虫類の幼虫などを捕らえて食べていることが知られています。これは文化として群れに伝わり、若い個体は大人たちのやり方をまねて道具を作り、それを使うことを覚えていきます。よい感じにできた道具を「マイ道具」としてもち歩いている例も観察されています。

ガラパゴス諸島に暮らすキツツキフィンチもサボテンのトゲを道具に

使って虫を捕らえています。

オウムの仲間としては、ニューギニアやオーストラリア北部の森に暮らすヤシオウムが、メスに対する自己アピールとして、木の枝をバチのように使って樹を打ち、ドラミングの音を森に響かせる、ということをします。バチがわりの木を握るのは、もちろん足の指です。たくみにもち上げて、絶妙な強さで叩きます。

日本では九州の特定地域に住むサギの仲間のササゴイが、木の枝や小石や羽毛やパンクズや昆虫類などを池に投げ込み、これを疑似餌として魚を水面近くにおびき寄せて捕らえる、といったことをします。まさに、「漁」です。ちなみにササゴイの漁は日本だけでなく、シンガポールほか、世界のいくつかの場所で確認されています。

道具を使って虫を捕る：カレドニアガラス

道具を自作し、上手に使うカレドニアガラス。お気に入りの道具は、持ち歩いたり、自分で決めた場所に保管したりします。

古木を楽器にする：ヤシオウム

繁殖期、ヤシオウムのオスは、木切れを樹木に打ちつけて音を響かせる「ドラミング」します。メスに対する自己アピールだといわれています。

column2

鳥の目をまねたテレビも登場

最近、４原色のテレビが登場し、これまでのテレビよりも色が鮮やかであることを宣伝していますが、鳥たちはもともと４原色で世界を見ていました。つまり、やっと人間の世界も鳥の視覚に近づいてきたわけです。

以下に掲載したのが、人間と鳥の色を見分ける視細胞の感受特性のグラフ。ひとつ数が多いだけでなく、人間に比べて広くバランスのよい配置になっていることがわかります。だから鳥たちは、細かい色が判別でき、紫外線まで見えるわけです。そんな鳥たちの目には、オカメの頬にあるオレンジ色のチークや、セキセイの頬にあるチークパッチなども、人間の目に映るものよりさらに色鮮やかに見えているようです。

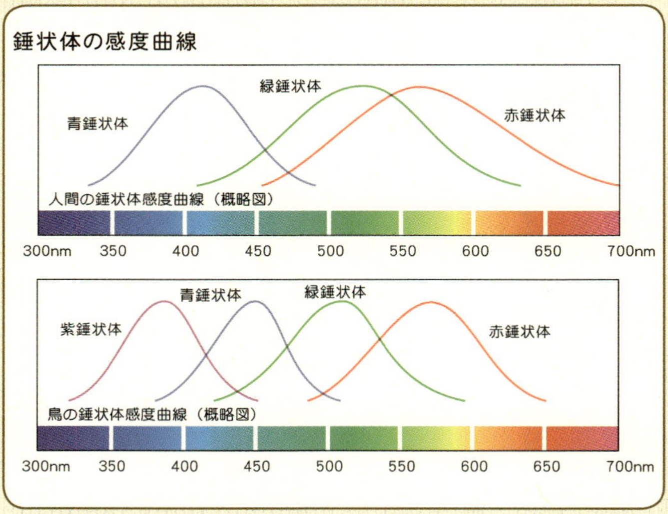

【図7】 錐状体の感度曲線

人間がもつのは、青、緑、赤。しかも、人間の赤は緑を無理矢理分離させて作ったため、不自然なほど緑に近くなっています。一方、鳥がもつのは紫、青、緑、赤。これらはとてもバランスよく並んでいるのがわかります。

3章

インコの感覚

インコはどうやって人間を見分けているのでしょう?
自分のことをどう思っているのでしょう。
そんなインコの感覚を、少し詳しく紹介してみます。

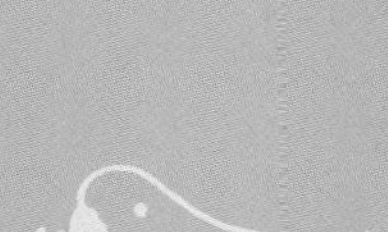

インコにとって、人間はどんな存在？

人の手で育てられたインコにとって、世話をしてくれる人間は、初めこそ「親」という認識ですが、自力でエサが食べられるようになると、そうした感覚は急速に薄れていきます。

本当の親に育てられたとしても、数週間で親離れ・子離れをするわけですから、当然といえば当然のこと。本来、鳥はドライな生き物です。

また、まだ自分の身を守ることもできない幼い時期、仮の親として「食」や「住」の世話をしてもらっていても、インコからすれば人間は巨大な異種。飛べない大きな鳥と思うケースはあるかもしれませんが、同種の仲間であるという認識はありません。

ただ、恋愛の対象になるほど好きになるかどうかという点については別です。鳥たちの心の垣根は意外に低く、特に人間のもとで飼育されていて、同種の鳥と接する機会が少ない場合などは、人間に対して「好き」あるいは､「恋の対象になるほど好き」という感覚をもつことも少なくありません。それも、鳥の心からすれば、「可能な選択の範囲内」のことです。

安心できる相手、くつろげる相手が好き

鳥のことが好き、嫌い、無関心な人がいるように、飼育されるインコからも、人間は、好き、嫌い、無関心の３種類に分類され、生活を通して、好きや嫌いもさまざまなレベルに分類されていきます。また、インコたちの好き嫌いは明確で、いったん固まった評価をくつがえすことは至難のわざです。

飼い主とインコ、お互いが好きどうしであればとてもよいのですが、それぞれに好みもあるため、両者の思いがいつも一致するとは限りません。また、決して嫌いではない人間なのに、その鳥が好き、あるいは好きになってほしいという強い思いから、いつもつきまとっていたりすると、インコは閉口し、一歩引いてしまうケースもあります。

心が感じる「ほどよい距離」を越えて踏み込んでくる人間を苦手とするインコも多いのです。そうした鳥の場合、逆に、自分に対して強い関心をもたないほかの家族に愛情を感じてしまうケースもあります。インターネットの掲示板などに、「自分の鳥なのに、世話もしなければ、ただそこにいるだけのお父さんのところにばかり行きたがるのはなぜ？」といった疑問が挙ったりすることもありますが、それはまさにそういうケースなのかもしれません。

飼育されているインコがまず人間に求めるのは、「安心感」です。

緊張せずにいられる相手が好きで、「空気を読んで」自分が求める距離感をつかみ、その位置にいてくれる人間が好きになります。

インコと仲よくなりたい、インコと遊びたい、インコに○○をさせたい。そんな気持ちが強く前面に出ると、インコはくつろげません。いまよりももっと好きになってほしいと願うなら、まずはよく観察して、インコが望む距離感をつかむ努力をすることが大切です。

自分を鳥と思ってる?

インコと暮らしている人が一度はもつのが、「この子は自分のことを鳥だと思っているのか、人間だと思っているのか」という疑問でしょう。人間のことばを上手に話している鳥では、その疑問はさらに深くなります。

結論からいうと、親鳥の抱卵によって孵化したものの中に、自分を人間だと思うインコは基本的にいません。なぜなら孵化の直前からすでに、「鳥としての心」を形成するための刷り込みが始まっているからです。

多少のゆらぎがあったとしても、生まれて数週間のうちに——親鳥のもとにいる鳥なら吐き戻されたエサをもらっている時期に、人間のもとならまだ挿し餌されている時期に——、すでに「自分には翼があって、空を飛ぶ生き物である」という自覚がヒナたちの心のなかに芽生えます。自分は飛ぶ生き物、ともに暮らす人間は飛ばない生き物、という区別ができてきます。たとえまだ幼い存在だったとしても、彼らのアイデンティティはあくまで「鳥」です。

その一方で、鳥の心にはとても柔軟な——「ものごとを自分にとって都合よく解釈する部分」もあります。都合の悪い部分だけ片目をつぶって「見ないことにする」ことも、鳥にはできます。だからこそ、人間に恋して発情したりもするわけです。しかしそれも、毎日食べて、寝て、生き延びて子孫を残せ、という遺伝子から命じられる至上命令に沿うための選択のひとつではあるので、ある意味、鳥にとっては合理的な判断なのだと思います。

不幸と思う?

もうひとつ、飼育されている鳥は、置かれている境遇をどう思っているか、という疑問があります。「人間に飼われている鳥は不幸だ」という語気の荒い主張に触れたことのない人はいないでしょう。ときに不快ではあるものの、そうした発言もまた、鳥に対する愛情から出たものであることは確かです。

野鳥のヒナを捕まえてきて闇ルートで売ったり、自己満足のためにこっそり飼育している人に対しては、とても強い憤りを覚えますし、そうした行為は悪だと、断言できます。

ただ、「人間のもとにいる」＝「不幸」、「野生」＝「幸福」という図式のもと、善悪を主張するのは、少し短絡的だとも感じています。置かれた環境の中で精一杯生きているのが鳥。野生であっても、飼育下であっても、幸・不幸という判断を、鳥はみずから下していないからです。

鳥を飼育するためのケージが、ある意味、「檻」であるのは確かなことでしょう。ですが、飼育されている鳥にとっては、そこは人間が入ってこれない自分だけのナワバリであり、心も体も休めることのできる巣であることも事実です。まさかのときには身を守るためのシェルターとしても機能します。

また、ともに暮らすことで初めて理解できることも、たくさんあります。心理学が鳥の知性について新しい地平を開きつつある今、個々の飼育者が適正な飼育をしながら鳥たちと暮らし、その素顔や能力を解き明かす「手」のひとつであり続けることも、大事なことだと考えています。

人間に育てられたとしても、インコは自分のことをちゃんと鳥だと認識しています。もしかしたら、その心の中には、空を自在に飛ぶことのできない人間に対する優越感があるのかもしれません。

いっしょに暮らすほかの動物をどう思ってる？

「社会化期」と呼ばれる時期が動物にはあります。動物にもよりますが、目が開くようになってからの数週間から数か月がその時期にあたります。イヌなどはこの時期に、イヌどうしのつきあい方を学ぶと同時に、人間と十分な接触をもつことで、人間がどういう生き物なのかを学習して、人間と生活していけるイヌに成長します。

インコにとってもこの時期はとても重要で、オカメやセキセイの場合、目が開いてからの５～７週間（生後６～８週間）のあいだに人間と十分な接触をもつことで、人間のもとでも落ち着いて暮らしていける鳥に育ちます。また、その環境にイヌやネコなどがいて、インコの視界に入る場所にも出入りしていた場合（加えて、危害を加えるようなことがなかった場合）、その動物になじむようになります。

インコの場合、成鳥になったのち、慣れて怖くなくなったイヌやネコなどの動物に対して、ある種のおもちゃのような感覚をもって積極的に関わろうとする鳥もいますし、同じ家に暮らす家族のメンバーと（一応）認識しつつも、警戒しろ／無闇に近づくなという本能が発する声に従って、一定の距離を保とうとする鳥もいます。動物を前に、一羽ごとに判断が違ってくるのもインコの個性です。

一部の気の強いインコにかぎられますが、イヌまたはネコが自分が好きな人間と仲よくしていることが気に入らず、攻撃をしかけるものもいます。小さな鳥の嫉妬をあまり気にかけないイヌやネコも多いのですが、あまりにうるさいと感じた場合や、なにかをきっかけに本能のスイッチが入ってしまった場合に、襲ってしまうことがないともいえません。危険が常に存在することは、意識しておいてほしいと思います。

外に逃げたときの危険性

リスクとしてあまり認識されていないことですが、ふだんからイヌやネコと仲よくしているインコが家から逃げ出してしまった場合、命を失う危険性はかなり高くなることは理解しておいたほうがいいかもしれません。

イヌやネコになじんだインコの場合、同じ犬種のイヌやネコ全般に対し、警戒心が弱まっている傾向があります。

右も左もわからない外の世界で心のたよりにできるものがあるとすれば、歩いている人間か、自分に害を加えない相手と認識していた動物です。しかし人間はともかく、外にいるイヌやネコにとっては、目の前に鳥がやってきたら、それはたんなる「ごちそう」にしか見えません。結果、不幸な状況になる可能性が高まるわけです。

そうそうあることではありませんが、飼育環境について考える際には、こうした二次的な問題のことも頭のどこかに置いておいてほしいと思います。

イヌやネコにとって、本来鳥類は捕食の対象です。ともに幼いころからいっしょにすごすことで仲よくなったとしても、なにかのはずみに襲いかかってしまうこともあります。人間の前ではおとなしく振る舞っていながら、人の姿が見えなくなった瞬間に襲ったという事例も存在します。悲しい結果を招かないためにも、十分な注意が必要です。

どうやって飼い主を見分けているの？

飼育されているインコは、人間のことを意外によく観察しています。

人に馴れていく過程で、目に入る人間の家族の特徴をとらえて、記憶情報として脳の中に溜め込んでいきます。積極的に記憶するのは、相手をよく知ることで、相手との関係が向上することを感覚として知っているためでもあります。目や耳から入った情報は、その脳の中でデータベース化され、きれいなかたちで整理されていきます。

人間の記憶には、見たものや聞いたものを数秒間だけ覚える「感覚記憶」や、感覚記憶よりは長く続くもののやはり消えてしまう「短期記憶」、人の顔、できごと、さまざまな手続きなどを覚えている「長期記憶」がありますが、鳥たちにも同じような記憶があって、状況や必要に合わせて使い分けていることがわかっています。

大型のインコはもちろん、小さなセキセイでも、人の顔や声を何年も覚えていることができます。それでもやはり、長く正確に記憶するのは、ヨウムやボウシインコなどの大型のインコの方が得意なようです。

記憶の鍵

人間もインコも、視覚と聴覚から入ってくる情報を中心に生活しています。そのため、相手を認識するのも視覚と聴覚がたよりです。また人間は、声とか顔とか、たったひとつの情報にたよって相手を判断していません。よく知っている相手ならば声だけ聞いてもわかったりしますが、それでも顔や声や、かけてくることばや服装など、もっている多くの情報と照らし合わせて相手がだれかを判断しています。インコもまったく同じです。

インコたちは人間の、「顔つき、髪形、メガネの有無、体型、身長、歩き方、しぐさ、服装、話しかける声や話しかける方法、使っている言語、人間どうしの関係」などを脳の中に情報としてもっています。そうした情報と照合して、目に映った人間について、知っている人かどうかを判断するわけです。

もちろん、顔が見られない状況ならば、声をたよりに判断しますし、相手が声の届かない窓越しに手を振って注意を引こうとしたような場合も、顔つきや動作などで、知っている人間なのかどうかをちゃんと判断することができます。こうした判断のしかたも、人間にとてもよく似ています。

ただ、聞いた音を、音の高さや音質などを含めて正確に記憶する能力は、人間よりも鳥のほうがはるかに高いため、声さえ聞くことができれば、かなりの確率で相手を判別することができるようです。

インコが注目するポイント

インコはこんなところを見て、その人間が知っている人かどうか判断しています。

どうやって人間の感情を読み取っているの？

日本で暮らしているインコは、ふだんから日本語で話しかけられていることでしょう。そんなインコに外国からやってきた人が英語や中国語で話しかけると、母音の使われ方の違いや抑揚、音域（言語ごとに使われている周波数帯が異なる。たとえば英語は日本語よりも音域が高い）などから、インコはそれが「別な言語」であることを理解します。音の響きの違いをとらえて言語の違いを判断することは、インコにとってたやすいことです。

また、ふだんかけられていることばでも、「～でしょう？」（＿↑）という問いかけと、決めつけるようにいわれる「～でしょう」（￣↓）ということばのイントネーションの違いを、インコたちは理解します。

顔つき、髪形、メガネの有無、体型、身長、歩き方、しぐさ、服装、話しかける声や話しかける方法、使っている言語、人間どうしの関係などを記憶情報としてもっていることは前項で解説しましたが、日常的に飼い主を観察しているインコは、顔つき、しぐさ、雰囲気、声の調子、ことばの多さ・少なさなどから、人間の変化を敏感に感じ取ることができます。

なかでも、特によりどころとするのが、話しかけられることばの分量と、声に含まれるさまざまな情報。それに表情から伝わってくる情報を加味することで、インコは人間の深い感情まで読み取っています。

学習によって、人間の感情を読み取る能力がアップ

人間が感じている幸福感や嬉しさは、やはり声に出ますし、表情にも現れます。嬉しそうな人間を見るのは、インコにとっても嬉しいことです。そんな嬉しい気持ちに包まれている人間が、いつもよりたくさん遊んでくれたり、おいしいものをくれたりすることが続くと、「人間が嬉しい」→「いいことが起こる」と学習し、インコが感じる嬉しさもさらに大きなものになっていきます。

逆に、いつもたくさん話しかけてくれる人が急になにもいわなくなった

ら、「変」だと感じます。表情などを見て、その人がいつもと違う雰囲気をまとっていたら、やはりそれも敏感に感じ取ります。

もちろんインコにも個体差があって、そうした人間の変化を敏感に感じ取るものとそうでないもの、感じ取ったとしても気にするものとそうでないものがいますが、人間のことが好きで、日常的に深く愛情交換しているインコは人間の変化を敏感に感じ取り、それを気にかけています。

人間が嬉しいとインコも嬉しい

嬉しさを感じている人間は、自分にとって嬉しいことをしてくれることが多い、ということを学習することで、人間の幸福感がインコにも伝わりやすくなります。

インコが肩や頭に乗ってくる理由

インコは、よく肩や頭にとまってきます。飛んできて、とまる場所を探した結果、頭や肩を選ぶことがある一方、明確な理由があって肩や頭にとまることもあります。

たとえば、次のようなケースがあります。

❶ その人間は好きだけど、触られるのは嫌い
❷ じっと見られるのが怖い
❸ つかまりたくない
❹ 歌やことばをもっと近くで聞きたい（覚えたい）
❺ 顔の近くにいることで、自分が１番だとほかの鳥に示したい
❻ ピアスやネックレスに興味がある
❼ 人間を乗り物がわりにするのも楽しい（人間は道具、移動手段）
❽ 視界（見晴らし）がよいなど、そこにいるのが楽しい
❾ 人間がやっていることを近くで見たい（興味がある）
❿ かまってほしい、なでてほしい、手の上に乗せてほしい

長くいっしょに住んでいても、人間の手を怖がるインコは少なくありません。好ましいことをしてくれるのも手なら、まだ遊び足りないのに掴まれたりするなど、いやなことをするのも手。インコたちは人間を見る際、人間の顔（表情）や目とともに、その手をよく観察しています。

人間自体は好きで近くに行きたいけれど手は怖い……というインコの場合、好き・怖いの葛藤をクリアできる場所のひとつが頭の上なわけです。そこだと人間は直接インコを見ることができないので、頭上の鳥をつかもう（さわろう）と思ったとしても、動作がワンテンポ遅れるうえ、インコからは手の動きがはっきり見えるので、いつでも飛んで逃げることができ、安心です。

よく馴れたインコの場合は、９番目、10番目に挙げた「近くで見たい」、「かまってほしい」という気持ちから肩や頭に乗るものが多いようです。肩は人間の作業を近くで見るには絶好の場所ですし、おもしろいと思えば、腕を伝って降りてきて、それに参加することも容易です。また、頭や肩に乗るたびに、「そこから降りて」と手が伸びてきて、その後かまってもらったり、なでてもらったり、遊んでもらったりした経験から、「頭や肩に乗る」→「かまってもらえる」と学習して、そこに乗ってきているインコも相当数います。

いっしょにいるインコが、なにを思って肩や頭にとまっているのか、よく観察してみてください。じっくり見ると、いつも同じ思いでそこにきているわけではないこともわかってきて、その鳥のことをいっそう深く理解することができるようになるはずです。

そこにとまると、かまってもらえることを学習して頭や肩に飛んでくるインコも多いようです。
その一方で、手を警戒して、手から遠い場所である頭にとまるインコもいます。

肩や頭に乗せる危険性

オカメやセキセイなどの小型のインコの場合、日常的に肩や頭に乗せていても、優越感から攻撃的になったりすることは基本的にありません。しかし、ピアスやネックレスをクチバシで強くひっぱることで、人間がけがをしたりアクセサリーが破壊される事件はよくおこっています（大型インコの場合、さらに危険度は増します）。また、壊したアクセサリーの一部を飲み込んでしまう事故も報告されています。こうした危険があることも認識しておいてください。

飼育されているインコは好奇心のかたまり

もちろん、鳥にも動物たちにも好奇心があります。しかし野生では、好奇心のままに興味をもったものに近づくと、たいていは痛い目にあいます。代償として自分の命を差し出すことになることも少なくありません。ですから、野生に生きる生き物たちは慎重です。

もっとも、野生で暮らすものの中にも好奇心に負けてなにかに近寄ってみたり、移動してみたり、食べてみたりするものはいて、結果的にそうしたチャレンジがあったことで種の分化がおきたり、新しい環境になじんだりもしてきました。

家庭の中にもたくさんの危険

人間と暮らし始めたインコは、人間の家が安全な場所であることに少しずつ気づくようになります。またそこでは、自分でエサを探す必要もないため、自由になる時間がたくさんあることも実感するようになります。

もともとインコは脳が発達していることもあって、ほかの生き物に比べて好奇心が強い傾向があります。基本的に初めて見るものは「怖い」と感じますが、同時に興味もおぼえています。

人間の家の中では、興味をおぼえたものに近づいたり触れたりしても、身に害を及ぼすような危険がないことを学習したインコは、やがて歩いたり飛んだりしながら、家の中のものを物色し、それがなんなのか、食べ物だとしたらおいしいものなのか、遊びの材料になりうるものなのかなどを確かめるようになります。

興味をおぼえたものがどんなものなのか確認しようとしたインコがまずやるのが、それを「かじってみること」。ものによっては（食べ物の一種と認識したものについては）、少し食べてみたりすることもあります。幼いインコの場合、かじることで脳も発達していきます。

先にも解説したように、上下のクチバシで触れ、舌先でそれに触れることで、固さや質感、肌触り、温度、味（おそらく同時に匂いも）などがわかります。食べられそうかどうかもわかります。

地上に誕生してからずっと、かじることで世界を認識してきたインコにとって、かじってみることは小さな人間のこどもが興味をもったものをつい指で触ってしまうのと同じくらい、あたり前で自然なことなのです。

しかし、安全であるはずの家庭にも、うっかり飲み込むと命の危険がある物体や鉛などの有害物質が多数存在しています。

インコが興味をもったものをかじってしまうのは習性に従っての行動であり、それを止めることは基本的にできないため（無理に止めるとストレスになり、精神的な不調の引き金になることもあるため）、害になりそうなものをインコから遠ざけるように努力するのは、ともに暮らす人間の義務となります。

小首を傾げるようにして、片目でじっと見つめるインコ

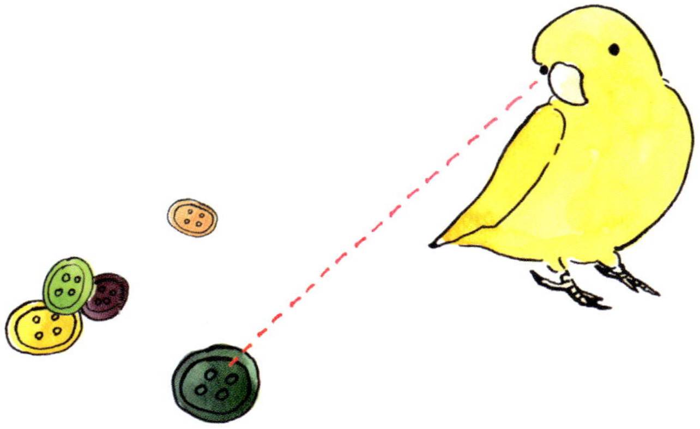

それがどんなものなのか、もっとよく見ようと思ったインコは、首を傾けて、片目を見たい対象に近づけます。インコの場合、目からわずか1センチの距離でもピントを合わせることができます。そうして見つめる姿は、人間がルーペを使ってじっと観察するようすにも似ています。

インコにとって怖いもの、いやなもの

インコにとっていやなもの、怖いものは以下のようなものです。

インコにとって怖いと感じるもの、いやなもの

1. **自分よりも大きな動物（もちろん、人間も）**
2. **見たことがないもの**
3. **聞いたことがない音**
4. **自種だけでなく、他種を含めた鳥たちの発する警戒音に近い音（たとえば、打ち上げ花火が上がっていくときの「ヒュ〜」という音）**
5. **予想していないタイミングでの音や揺れ**
6. **トビなどの猛禽類の声やカラスの声、その姿**
7. **肉体的な苦痛を与えるもの、またはそうした状況**
8. **環境や状況の大きな変化**

怖いと感じるものは本能的な恐怖感にもとづくものが多く、いやなものは経験から後天的に拒否感や嫌悪感をおぼえるようになったものが多いようです。

そのため、いやだと感じるものについては、個体差があります。

たとえば病院に行くことがいや（怖い）と感じるインコがいる一方で、そこであまりいやな目、怖い目にあったことがないインコの場合、知らない場所に緊張することはあっても、とりたてていやな場所だと思わないことも多いようです。それどころか、病院への行き帰りを、「飼い主と二人きりになれる特別な時間」として歓迎するインコもいます。うちで飼っていた一羽が、まさにそんなインコでした。

もちろん、怖いものであったり、いやと感じるものであっても、時間をかけることで慣れていくことができるものはあります。しかし、この点についても個体差が大きく、数日でクリアできる鳥もいれば数年かけてやっと慣れる鳥もいるなど、インコによって所要時間は大きく違ってきます。

ストレスにもなる環境の変化

先に挙げたもののうち、「いや」という感覚を越えて、強いストレスまでも感じてしまうのが「大きな変化」です。鳥を含めた動物は、一度生活が固定されたのちは、同じような日々が続くことで安心感を得ます。小さな変化は退屈を紛らわす刺激にもなりますが、生活自体が変わってしまうような大きな変化は歓迎しないのです。

具体的な例を挙げるなら、出勤時間の変化などによる生活リズムの変更、引っ越し、家族の離婚や結婚、出産によって加わる乳幼児の家族による変化などは、さまざまなストレス症状を引き起こす引き金になることがあります。こうした状況の変化があったときは、できるだけインコが感じる「変化」を減らす努力をして、インコの精神、肉体の両面について注意深く見守っていく必要があります（ストレスについては、132ページも参照ください）。

こんなものがストレスに……。

オカメパニックの心理

どうしてオカメなどの一部の鳥だけが夜間にひどいパニックを起こすことがあるのか、その理由は解明されていません。

彼らの中には大けがをしてしまうほどのパニックになるものが少なからずいて、特に地震の直後などは病院に担ぎ込まれるインコが急増します。

「これはパニックになるほどのことではないのだ」と経験から学んだりもするため、パニックは歳を重ねるごとに減る傾向があります。それでも、できるならばパニックにはならないでほしい、なったとしてもけがをしたりしないでほしいというのが、彼らと暮らす人間の願いです。

オカメは臆病

オカメはインコのなかでも特に臆病な鳥です。そのため、ほんの少しでも危険があると感じたときは、とにかく空に飛び立って一定の距離を逃げるという習性があります。だからこそ、籠脱け事件も多発するわけです。

夜間、地震や聞き慣れない物音がしたとき、眠りを起こされたオカメは、一瞬、自分がケージの中にいることを忘れます。そして、飛び立とうとした瞬間に翼や顔面をケージにぶつけ、今度は障害物にぶつかったことでパニックになる——。複数のオカメがいる場合、一羽がパニックになると、「なにかあったんだ！」と思うのか、ほかのオカメにもパニックは伝染し、最初にパニックになったオカメがその羽音を聞いてさらにパニックを強めるという「パニックの連鎖や循環」を引き起こしたりもします。

部屋の明るさでコントロール

習性と深く結びついた反応であることから、パニック体質を全面的に改善することは不可能です。できることは、少しずつ音や震動などに慣らしていくことと、パニック時の心理を知って、インコのけがを最小限に留めるようにすること。この２つです。

大きなパニックが起こるのは通常、夜間。パニックを少しでも押さえるために少し部屋を明るくするのも有効ですが、部屋の中にあるものの輪郭が見えるほどの明るさがあると、かえってパニックが大きくなることがあります。真っ暗よりは少し明るいくらいの光加減のときが一番けがが少ないと、経験から感じています。また、一羽ごとにケージを分け、少しケージの間隔を空けておくことで、パニックの度合いは少し小さくなります。

インコがパニックになったとき、なにより大事なのは、飼い主が慌てないことです。「どうしたの！」と勢いよくフスマやドアを開けたり、オカメのいる部屋に駆け込むその音で、オカメのパニックは拡大してしまいます。また、慌てて電気をつけると、急に明るくなったことに驚いてさらにパニックになってしまうこともあるので、「大丈夫。安全だよ。ここにいるよ」とやさしく声をかけながら、少し落ち着くまでのあいだ待ってみることも大事です。その際、心配だからと、ペンライトなどでケージ内を照らすようなことは「絶対にしないで」ください。一点から発せられる光は、肉食の獣の目を連想させるため、収まるパニックも収まらなくなります。

オカメパニックのとき、飼い主は慌てないように

パニックになっているオカメに近づくときは、なるべくゆっくりと。急にドアやフスマを開けたり、電気を点けるのはパニックを助長させる危険があります。だからといって、足音を忍ばせて近づくのもNGです。過敏状態にあるインコがそっと近づく足音に気づくと、パニックに乗じて自分を狙う敵が来たのかと勘違いして、さらに飛び回ってしまう危険性があります。

ケージに戻りたがらない
インコの気持ち

一羽で発情して卵を産んでしまうメスは、ケージの中を自分の巣だと思っています。また、ケージの中に手を入れると激しく攻撃してくるインコは、そこを自分のナワバリと認識しています。いずれのインコもケージの中は安全な「自分の場所」という意識をもっています。

産卵が止まらなかったり、流血するほど噛みついてくるのは困りものですが、ケージの中が安全だと認識できていることは、よいことでもあります。

ケージに戻りたがらないインコの心理

ケージに戻りたがらないのには、大きくわけて２つの理由があると考えられます。ひとつはもっと遊びたいという気持ちで帰還を拒否するケース、もうひとつはそこが自分の居場所だと思えないケース。この２つです。

人間と生活していく過程でインコは、ケージの中が基本的に人間が入ってこれないプライベートな空間であることを認識していきます。もともとが個人主義者である鳥には、仲間の姿が見えたり声が聞こえたりしながらも、自分だけが支配できる一定の幅の空間が必要です。野生の鳥の群れでも、特定の種を除いて、木の枝などにとまっているときなど、一定の間隔を空けてとまっているはずです。そうした空間がないと、鳥たちは心が休まりません。

家庭の場合、個々に分けられたケージが自動的にそうした空間や間隔を作ることになります。そこが安全な場所であるとわかり、プライベート空間であることが認識できてくると、ケージになじむようになります。

ただし、ごちゃごちゃとおもちゃが入れられているケージは別。ほとんどのインコは、ケージの中にいろいろなものがあることを歓迎しません。そこにひとつでも不快なものや気に入らないものが混じっていると、インコはその場所に安らぎを感じることができず、違和感だけを感じ続けることになります。

遊び足りないインコをケージに戻す方法

まだ遊びたいと思っているインコをケージに戻すやりかたとしては、不安感や孤独感、空腹感、損をしたという意識を利用する方法があります。

複数飼いの場合、ほかの鳥をすべてケージに戻し、外に出ているのがそのインコ一羽だけにします。一羽だけ外にいることで自分が特別扱いされていると思い、少し嬉しくなってますます帰りたくない気分になるかもしれませんが、わざと聞こえるように、「部屋に帰ったみんなはえらいね」とほかの鳥たち一羽一羽に向き合い、愛情を込めて声をかけていくと、外のインコは少し不安を感じはじめます。

追い打ちをかけるように、ケージの仲間に青菜をあげるなどすると、外に出ていることで不利益が生じたことを、そのインコは悟ります。その時点でも意地を張って帰りたがらないことはあると思いますが、絶対に戻らないと逃げまわっていたときに比べると、内心では「帰った方がいいかも……」という気持ちが増えているのは確かです。このようなやり方で、一羽だけ外にいると不利益が生じることを学習させることで、素直にケージに戻るようになってくるはずです。

一羽飼いの場合、ケージの外にエサを置かない（与えない）ことを徹底し、エサはケージの中でしか食べられないことを学習させることで、一定の期間外に出たあとに（＝少しお腹がすいたと感じたときに）ケージに戻りたい気分にさせることもできます。もちろんこの方法は、複数飼いの場合にも有効です。

自分だけ利益を得られないと感じると、
インコの心はゆらぎます。

どうしてかじるの？

とにかく、なにかをかじるのがインコ。新聞紙やメモ紙をかじっているうちはまだいいものの、ふと目を離すと、壁紙をかじろうとしたり、柱や桟までかじろうとします。

インコたちがかじるのは、かじること自体が楽しいのが一番、かじることでそれがなんなのか確かめたいのが二番。なかにはストレス解消のためにかじるケースもあります。ラブバード類では、身を飾るものを作るために紙類をかじったりもします。

セキセイのメスなどが本棚の奥に潜り込むなどして裏側から本をかじっているのは、そこに空洞を作って巣にしたいためです。私の仕事場でも何度かやられました。作業の早いメスでは、わずか３日ほどですっぽり入り込める空洞を作ってしまいます。恐るべき巣作りの本能です。

人間も退屈なとき、なにかを作ってみたり、片づけてみたりと、手作業に没頭してしまうことがありますが、インコの中にも同じような感覚でかじっているものがいるようです。また、かじることに没頭しているあいだは、感じている孤独感や不安感を忘れられる、ということもあるのかもしれません。

もちろん、「かじる」→「人間が飛んでくる／自分だけに意識が向く」→「幸福感が得られる」ということを学習して、自分に注意を向けるためにわざとかじっているインコは多数います。

ただ止めるのではなく

放鳥しているときに注意深く見守っていることで、かじることを止めるのは簡単です。自分に注意を向けたくてかじっているインコや、退屈をまぎらわすために「とりあえず」かじっているインコならば、止めて少しかまってやるくらいで大丈夫。

破壊することを遊びとしたり、それを楽しんでいるインコには、かじってもいいもの（家の中にある安全なものや自作のおもちゃ）や、かじることに特化したおもちゃを与えるといいでしょう。

なお、かじることを止める際に、気に留めておいてほしいこともあります。それは、なにかをかじることで自分の精神バランスを取っているインコもいる、ということ。そんなに多いわけではありませんが、かじりたいものを取り上げられることで意気消沈したり、強い不満を感じ、それがストレスとなって毛引きなどを始めるケースもあります。その場合、本人(本鳥)が納得できる代用品を用意すると同時に、獣医師と相談のうえ、メンタル面のケアもしっかりしてあげてください。

人間の子供がおもちゃで遊ぶことで脳が発達するように、インコもヒナからの数カ月間、クチバシを使ってかじったり、もちあげたり、壊したりすることで、クチバシや舌先からの刺激が脳に伝わり、脳の発達を促していると考えられています。ヒナや若鳥にとってかじることはとても大事なことなのです。

人間のことを噛む、かじる

人馴れしていないインコが人間を噛むのは、人間が怖いからです。そうすることで、自分から遠ざけることができると考えています。馴れているインコは、思いどおりにならないことに怒りを感じたり、その人間に対してなんらかの理由で腹を立てて噛んだりするほか、やつあたり的に噛むこともあります。「噛む」というのは、自分の主張(や不満、恐怖)を伝えるためのもっとも手っとり早い方法だと、インコを含む動物たちは考えています。

なぜ窓から逃げるの？

飼っているインコがドアや窓から逃げたという「報告」はあとをたちません。毎日のように、日本のあちこちで不安や悲しみや自身への怒りを含んだ悲鳴が上がっています。

逃げ出した状況を聞くと、以下のような状態だったことが浮かび上がってきます。

❶ 窓やドアが開いているのに気づかなかった
❷ 放鳥に気づかず、家族が窓やドアを開けてしまった
❸ 肩に乗せたままベランダや庭に出た
❹ 前に窓を開けてしまったときも逃げなかったので大丈夫だと思っていた

実際に逃がした人たちと話していると、とても大きな誤解があることがわかります。それは「馴れている鳥は逃げない」という一方的な思い込みです。

「べたべたに懐いているオカメやセキセイは絶対に逃げたりしない」というのは、根拠のない思い込みにすぎません。なにか怖いものを見たり、怖い音を聞いたとき、窓やドアが開いていて、そこから外が見えたなら、外に向かって飛ぶのは鳥としては自然なことです。家の中のどこかに逃げるより、より遠くまで逃げられるのですから。

一方で、単なる好奇心や遊び心から開いている窓から外に出てしまうこともあります。当然、外にはいままで見たことのないものがたくさんあるわけで、そこで怖いと思うものを見つけてしまったら、一瞬でパニックになり、そこから飛び去ってしまうことになります。

鳥が逃げる心理

なにか怖いものを見つけたり、警戒が必要だと感じる音を聞いたときに鳥が逃げ出すのは本能によるもので、その際、感情や理性は働いていません。

逃げ出す、逃げ出さないは、人に馴れているかどうかとは無関係で、「怖い！」と感じた瞬間、ほとんどの鳥はその場から逃げ出します。「怖いものからはまず逃げる」が、鳥の脳に刷り込まれた基本行動だからです。

野生で敵に襲われた場合、留まってようすを見ていたら、死ぬ確率が大きく跳ね上がってしまうのですから、当然です。そして鳥は、危険から十分に離れたと思う距離まで遠ざかってから、次になにをするかを考えます。

人間のもとから逃げ出したインコが正気に戻ったとき、まず考えるのは、「ここはどこ？」です。しかし、家の中だけで暮らしていたインコが、外から自分の住んでいた家を見つけられるはずがありません。そこで、必死になって飼い主を探します。当然近くにはいないので、インコは焦り、不安になります。そこでさらに警戒心を煽るものを見つけたり聞いたりすると、最初に逃げ出したとき以上のパニックに陥ります。これが、遠方まで逃げてしまう心理です。

逃げたときにできること

どんなに警戒していても100パーセント事故を防ぐことはできません。慎重に慎重を重ねたとしても、逃げ出してしまうことはあります。

そのときはまず、逃げた方向に向かって追いかけてください。その際は、声を出しながら追いかけて、自分がここにいると教えてあげてください。

ほとんどの場合、インコは最初に逃げ出してから数十〜数百メートルの距離でいったん止まって安全状況を確認します。そのとき声が聞こえると、次にどちらに戻ればいいのか判断できます。そして、少しだけ不安が減ります。そのタイミングで見つけられて捕まえられれば一安心ですし、ここで飼い主の声が聞けたことで、たとえ本来の主人のもとに戻ることができなくても、「だれでもいいから人間の近くに行ければ、危険が減るに違いない」とインコは思ってくれると思います。だれかに保護してもらいさえすれば、いつかまた再会するチャンスが生まれるはずです。

インコの食事の好みと学習

種子類が主食である鳥たちでも、成長のために大量の動物性タンパクが必要なヒナのころは、昆虫の幼虫やまだ小さいトカゲなどを大量に食べています。もちろん、インコ類も例外ではありません。昆虫類ほか、野生の親鳥はヒナにさまざまなものを食べさせているはずです。また、オカメなどは成鳥になったあとも、現地に暮らす動物の屍肉(しにく)をついばんでいる可能性があることが指摘されています。

しかし、飼育されているインコ（成鳥）にミルワームや蝶類の幼虫であるイモムシを見せたとしても、「怖いっ！」と逃げ出すのがおちです。幼いころに食べていないものは食べ物と認識されないからです。モンシロチョウの幼虫などをまだ幼いころに食べさせることに成功したなら、成鳥になっても怖がることなく食べるようになり、不足しがちな動物性タンパクを補う食材になってくれそうですが、残念ながら現実的にそれはかなり困難です。

好みは幼いころに食べたものに左右される

挿し餌から大人のエサに切り換える時期になにをどう食べさせるかで、成鳥になったときの食べ物の好みが変わります。種子を食べる鳥になるか、ペレットが主食の鳥になるかは、そのインコの飼い主が決めることになります。大人になってからの切り換えは難しいため、物心がつくヒナから中ビナのころがとても大事な時期となります。

ペレットと種子。そのどちらがすぐれた食材なのかという判断は、個々の飼い主に任されています。栄養バランスの点からペレットを薦める病院も増えてきましたが、最終的に判断するのは飼い主です。

インコの食に対する意識としては、いつも同じものを食べると少し飽きる、というのが本音のようです。ですから、「味の変化」ということだけに注目したなら、種子を与えることに軍配が上がるのかもしれません。

種子類は同じヒエとかキビでも、産地が違うと味や食感も微妙に変わるらしく、いろいろ並べて食べ比べをさせると、そのときに一番おいしいと感じるものを中心に食べる傾向があります。含まれる栄養素の比率とトータルのカロリーが把握できているなら、産地の違う食材をそろえ、味や食感にも変化をつけて食べる楽しみを増やしてやることも、インコとのコミュニケーションの一環として有効かもしれません。

なにを食べさせる？

ヒエ

キビ

ペレット

ハト餌

ひまわり

ドライフルーツ

ヒナから中ビナのころに食べさせたものによって、成鳥後の食の好みが決まってきます。なにを主食の鳥にするのか、栄養についての知識も得た上で、幼鳥時から飼い主はしっかり考えておく必要があります。

老化や病気をどう感じているの？

鳥たちが、「ワシも歳をとった……」などと自覚することはありません。夜が明けたら新しい日がやってくるのは知っていても、一ヵ月や一年という概念はもっていないからです。

老化速度のバランスも哺乳類とは違っていて、種としてもっている寿命にかなり近づいた個体でも、ヨボヨボの老人にはなりません。壮年期にはやや劣るものの、生活していくには支障のない一定レベルの運動能力も保持しています。ただし、目はそれなりに衰えていくらしく、寿命の７〜８割に近づくと白内障などの症状も出始めます。

また鳥は、病気になっても先のことをあれこれ思い悩んだりすることなく、ありのままに「その状態」を受け入れて生きていこうとします。見えないなら見えないなりに、動きにくいなら動きにくいなりに、なんとかやりかたを見つけて生きていきます。

年をとって体にいろいろ支障がでてきたとしても、けがや病気で四肢が不自由になっても、食べて眠って生き抜くという本能に導かれた行動の基本は変わらないからです。

たとえば、事故があって指を一本なくしたとしても、その傷が治り始めた瞬間から、その状態で生きていくことを疑問なく受け入れていきますし、白内障などで目が見えなくなったとしても、脳に残る記憶の地図をたよりに十分に生活していくことができます。

ただ、状態を受け入れはするものの、以前できたことができなくなったことを寂しく感じたりもするようです。また、これまでのように、ほかの鳥や人間と行動をともにできなくなることは不安の材料にもなり、そのため元気がなくなるインコもいます。

そんなインコに対しては、ことばや態度ではげましてあげてください。状態が変わっても、以前と変わらず愛していることをはっきり伝えることで、インコの気持ちも前向きになり、可能な範囲でアクティブにすごしていけるようになります。

老鳥、病鳥のケア

病気やけがで動きにくくなっているインコには、バリアフリーの環境を考えてあげてください。エサや水のある場所までよどみなく動けるようにするのが基本です。

ただ、その鳥のためによかれと思ってまるっきり環境を変えることにはマイナスの面もあります。鳥たちはそれをストレスと感じてしまうからです。多少不便があっても、今まで暮らしてきた環境の小アレンジのほうが受け入れやすいということもあるので、なにか対応を考える際は、いっしょに暮らすインコの性格も加味して対応を検討してあげてください。

変わらぬ愛情が、その後の鳥たちの気持ちと生活の支えになります

大きなけがをした鳥や年老いた鳥には、人間が注ぐ「変わらない愛情」がなによりの薬です。

病気を隠すというけれど

鳥は病気を隠すとよくいわれます。しかし、意図して隠しているわけではなく、ただ気に留めないことで結果的に隠すのと同じ状況になっていることも多いようです。

飛べなくなるなど、行動や生活が大きく変わってしまうような事態になると鳥は強いショックを受けますが、日常生活ができる範囲のエラーであるなら、自分の状態についてあれこれ思い悩んだりしません。その状態に合わせて、できるだけいつもと同じようにしようとするだけです。

多少の自覚症状は無視します。ちょっと痛みがあっても、咳がでても、なんとなくだるさを感じていても、気にせずにすごします。そのため、飼い主にもいつもと同じように見えてしまい、重篤化するまで気づかない、という状況になってしまったりするわけです。「鳥は病気を隠すから……」というセリフが聞かれるのは、そんなときです。

よく観察すること

それでもよく見ていると、歩き方が少し変、飛び方が少し変、咳やくしゃみをしている、声がおかしい、自分で羽毛を抜いている、体のある部分を気づかっているように見える、フンの状態がいつもと違う、少しふくらんでいる気がする、などと気づくことができます。

生き物ですから、病気になることもあります。遺伝的に特定の病気になりやすい個体もあります。それでも、早く気づいてあげることで、深刻な状況に陥る前に手を打つことは可能です。だからこそ鳥専門の獣医師は、耳にうるさいほどに、「日ごろから鳥のようすをよく観察してください」といい、定期的な健康診断をすすめるわけです。

身体だけでなく、感情面も観察すること

なんだか変にイライラすると思ったら、体の具合が悪かった……ということが人間にはありますが、同じことがインコにもいえます。いつもと同

じようにふるまってはいるけれど、いつもよりも怒りっぽくなった場合など、体のどこかに痛みや不快症状があるのかもしれません。

インコたちは発情期の前後も、ホルモンの関係で感情の起伏が大きくなったり苛立ったりしますが、発情中でもないのに変に怒りっぽくなってイライラしているようすが見られたときは、健康診断のスケジュールを少し早めるなどしてみることをおすすめします。

毎日よく観察することで、インコのちょっとした変化にも気づくことができます。
そうした姿勢が大切です。

column3

インコもするやつあたり

鳥は総じて短気です。怒りは長くは続きませんが、沸騰した瞬間、目の前にだれかがいると、まったく無関係の相手にやつあたりすることもあります。

たとえば、よく馴れたオカメやセキセイに対して、好きなものや好きな食べ物を見せて、「これほしい？」と期待させたのち、「やっぱりあげない」と隠してしまったり、あげないまま人間が食べてしまったりすると、怒ったり、悲しそうなようすを見せたりします。

こうしたケースで怒りを表明しやすいのはオカメのオスで、人間でいうところの地団駄を踏むような動作をしたりするほか、声を上げてものにあたったり、たまたま近くにいた無関係の鳥にクチバシを立て、追い払ったりします。人間に対しては、ひどい場合、血が出るほど強く噛みついたりもします。

野生に暮らしていてもおもしろくないことはやっぱりあるようで、ペンギンやカモメのような大きな鳥でも、やつあたり的にほかの個体に怒りをぶつけるようすが観察されています。

4章

インコたちの気持ちと感情

なにに喜び、なにに腹を立て、どんなときに不安になるのか。
その気持ちや感情の裏側を知ると、
インコたちのことがもっとよくわかるようになります。

嬉しいことって、どんなこと？

人によく馴れている人間好きなインコにとって、名前を呼ばれたり、遊んでもらえることは、とても嬉しいことです。

鳥も人間も、どちらももともと群れで暮らす生き物。目に見えるところに仲間がいて、声や態度で意思を伝えあったり、複数で同じ行動を取ることで安心感を得ていたわけですが、インコが人間と暮らすにあたっては、人間とのあいだに心の交流や物理的な接触があることがなによりの幸せになります。

インコは目つき、足どり、全身表現で嬉しさを伝えてきます。インコが嬉しいと人間も嬉しい。そして人間が感じた嬉しさが伝わると、インコもさらに嬉しくなってきます。それは正の循環として家庭内をまわり、インコのホルモンバランスを整えて、精神状態を安定させるとともに、人間側も血圧が低下して安定したり、精神状態が向上するなど、いわゆる「アニマルセラピー」的な効果ももたらすことになります。

人間が嬉しいとインコも嬉しい。インコが嬉しいと人間も嬉しい。
嬉しさは循環します。それは幸せのかたちです。

希望が満たされる幸福

名前を呼んでほしい、ケージから出してほしい、目に見えるところにいてほしい、遊んでほしい（いっしょに楽しいことをしてほしい）、なでてほしい、ごはんがほしいなど、インコにもさまざまな希望や欲求があります。

「今日もいつもと同じようにいやなことがおきず、まったりとした一日になるように」というのも、インコたちのもつ大きな願いのひとつ。嬉しいと感じるのは、そうした希望が満たされたときです。

呼んだら返事があると確信して呼びかけて、ちゃんと人間から返事が返ってきたら、満足感と幸福感に満たされます。好きな人になでられ、肉体的にも快楽を感じられたら、とてもいい気持ちになります（ただし、嬉しいと感じる日が続くと、メスならば、「この人の卵を産みたいわ」と思ってしまうこともあるので、違った意味で注意が必要です）。

逆に、いつも希望が満たされていたのにそれが急に満たされなくなったら、不満や怒りを感じますし、そのとき感じる寂しさはストレスとしてインコの心の中に蓄積されていき、病気や問題行動のひきがねになってしまうこともあります。

幸福感を取り戻したいためにする問題行動も

さまざまな事情から十分にかまってやれなくなり、希望を満たすことができなくなったとしても、残念ながらインコはそうした状況を理解できません。

頭がよくて、いろいろなことを理解できるがゆえに、（以前とは違うという）自分の置かれた状況だけを明確に認識してしまう。その結果、喪失感を感じたインコは、要求を必死に伝えようと大声で叫んだり、いつもと違う行動でなんとか人間の気持ちを引きつけようとしたりします。

育て方を間違えてしまったことで起こすようになったケースを除くと、問題行動と呼ばれる行動の多くが、幸福感と不満・喪失感の狭間で生まれています。

大きく口を開けて威嚇するような顔をする

インコが大きく口を開けて、「カーッ」という表情を見せることがあります。もしかしたら、毎日見ているかもしれません。

気に入らない状況になったときや、だれかを追い払いたいとき、内心では怖いと感じているときなど、さまざま状況でそんな顔を見せます。

インコだけでなく、ブンチョウやキンカチョウもそういう顔をしますし、野鳥のドキュメンタリー番組などを見てもわかるように、野生で暮らす大型の鳥も同じような顔になります。

そんなことから、「鳥は怒りっぽい」と思っている方も多いかもしれません。また、「なんでうちの子はこんなに怒りっぽいんだろう」と悩んでいる人もいるかもしれません。

ほとんどが軽い反応

実は、インコのその表情は「怒り」ではありません。もちろん、本当に怒っていることもありますが、ほとんどの場合、もっと軽い感情です。

軽い威嚇である場合もありますが、単なる条件反射的な行動で、本人（本鳥）もなにかを思ってやっているわけではないことも多いのです。

２章で解説したように、全身の徹底的な軽量化の結果、鳥の顔には表情を作る筋肉がほとんどなくなっています。複雑な感情を、人間のようにさまざまな表情の組み合わせで示すことができません。そのため、ちょっと苛立ったときも、単に不機嫌なときも、ただ威嚇したいときも、本当は怒っているわけではないけれども怒りを装いたいときも、怖いと思っていることを悟られたくないときも、自身の身を守るために戦わなければならないと思っているときも、同じようにクチバシを開けて顔を前に突き出してきます。これが、インコたちの「あの表情」の実態です。

また、仮に本当に怒ったとしても、鳥の場合、「瞬間沸騰→急速冷却」が基本です。人間でいうところの「思い出しても腹が立つ」といったような持続的な怒りをもつことは、ほとんどありません。目の前から原因が消えれば、怒りはどこかに霧散してしまいます。

威嚇するインコたち。下は筆者宅のオカメ（写真：筆者）。

インコが本当に怒るとき

飼育されているインコが怒るのは、自分がないがしろにされたと感じたときや思い通りにならないとき。嫉妬を感じたときなどです。嫉妬や不満は怒りと表裏の関係にあり、嫉妬の対象になった相手や不満をもたらした相手に攻撃の矛先が向きます。不安や寂しさの裏返しとして、飼い主に対して攻撃行動が強まるケースもあります。

たとえば新しい鳥が迎えられ、飼い主の関心がそちらに向いてしまった場合。ほかの鳥が病気になり、その看護に時間が取られるようになったことで、以前のように自分に意識が向かなくなったと感じた場合なども、怒りをおぼえることがあります。

家庭の中で二番目、三番目に好きな鳥でも、やっぱり大事な鳥たち。病気になれば飼い主は必死で看護をします。その状況をわかってほしいと願う人間（飼い主）ではありますが、それまで一番大事にされてきたインコにしてみれば、それは自分とはなんの関係もないこと。自分ではない鳥に強く飼い主の関心が向いていることが許せず、とにかく腹が立ってしまうわけです。

飼い主の関心がほかの鳥にあることに嫉妬して、第三者的家族にやつあたりすることもあります。

こうしたケースでは、第三者的家族に対して、噛むなどの攻撃をしてしまうこともあります。好きな相手の態度に腹を立てていても、その人のことを攻撃したくないという複雑な心もあり、葛藤の末、矛先が違う人間に向いて（怒りを解消するという目的のためだけに）攻撃してしまうというわけです。

なお、気が強く、気の短い一部のインコでは、人間が笑うだけで攻撃してくるケースもあります。「口を開けて相手に舌を見せる」という行為が鳥の威嚇にあたることから、「挑発された」と感じての行動と考えられています。

外に向くか、自分に向くか

何度も状況が繰り返されることで持続するような怒りは、なんらかの手段で発散させないと、ストレスとして自分の中に溜め込まれていくことになります。それは人間もインコも同じです。

「うちの子は聞き分けがよくて、ほかの子が病気のときは黙って待っていてくれるのよ」と話す方もいますが、本当におっとりした性格で状況を受け入れている場合と、不満を内に溜め込んでいる場合の両方のケースがありますので、もしも後者の可能性があるのなら、その後の行動には十分に気をかけてやってください。発散できなかった不満や怒りが、半年後とか、時間が経ってから毛引きなどの行動として現れるケースもあります。

わがままに育つと怒りっぽい鳥になる

ヒナのころからなんでも好きにさせるなど、わがままを聞いて育てると、我慢ができないインコになり、些細なことでも腹を立てるようになるのは人間の子育てといっしょです。

十分な愛情をかけつつも、小さいころから放鳥時間や就寝時間は人間側できっちり管理し、人間がいない時間を一羽で過ごせるようにするなど、一定の線引きをして育てることでヒナは落ち着いたインコに育ちます。そうして育ったインコは、自由気ままに育ったインコに比べて怒りっぽくならない傾向があるようです（わがままについては、124ページも参照ください）。

自分をコントロールできない発情期

怒りの感情が増幅されるのは発情期です。いつもフレンドリーだったオカメに血が出るほど噛まれた、セキセイが飛びかかってきた、コザクラが噛みついて放さないなど、ホルモンに振りまわされ、いつもと違う行動にでてしまうインコも続出します。

巣にしたいと思っている場所の近くに人間やほかの鳥が来ただけで、怒りのスイッチが入り、襲いかかってきたりすることもあります。その際に被害にあうのは主に手ですが、目や口など、顔を狙ってくるケースもあります。また、ふだんはまったく気にならないことが気になったり、些細なことで腹が立ったりするなど、怒りの振幅が大きくなっていることに自身で戸惑う鳥もいるようです。

発情期の対応には難しいことも気をつけたいこともあるため、この時期のインコとのつきあい方については、5章に独立したページを作りました。こちら（140 ページ）も参照してみてください。

発情期に見られるインコの行動

いつもフレンドリーだったインコに血が出るほど噛まれる
顔に飛びかかってくる
口元に噛みついて離さない

column4

怒りを溜め込んでいたオカメの例

沸き上がった「怒り」はわりとすぐに消えるものの、何度も不快感を味わされたり、怒りを覚える行為を続けた相手に対しては、怒りの記憶をかなり長く留めることもあるようです。

もっとも古くから筆者宅で暮らしていて、人間に一番近い場所にいることが許されていると思っていたオカメのオスが感染性の病気で数か月隔離された際、ほかの若いオスが「あいつがいない今、実質的にオレがこの家のナンバーワンだ！」というふるまいをほかのオカメや人間に対してしていたことがありました。そのようすをこれまでナンバーワンだったオスが、部屋の離れた場所に置かれたケージの中から眺めていました。

そのとき、ケージの中に閉じ込められていた彼は、「怒りに奥歯を噛みしめるような思い」で、自由にならない毎日を耐えていたのでしょう。

病気から開放された瞬間、彼は、ナンバーワン気取りだったオスに喧嘩を売るという行動にでました。そのとき、病み上がりの鳥に負けるわけがないと「仮」のナンバーワンだったオカメが反撃しようとしたことも火に油を注ぎました。

もちろん飼い主も味方であったことから、勝ったのはもともとの主である彼。それでも、本当に腹にすえかねていたようで、その後も相手の姿が見えると執拗な攻撃が繰り返し行われました。そして彼は、死ぬまでそのオスのことが嫌いでした。病気になるまでは、同じ家の中にいるメンバーの一羽という感じで、特に好きでも嫌いでもなかった相手だったにもかかわらず、病気から開放されたあと、その意識は一変し、改まることがありませんでした。

鳥は自分で攻撃を止めることができない

一般に鳥の怒りは冷めやすいものですが、その一方で、怒りにまかせて攻撃を始めると、攻撃を止めるタイミングをなかなか見つけられないという欠点ももっています。

ほとんどの場合、攻撃をしかけられると、しかけられた側の鳥は逃げます。すぐに逃げる場合と、一、二度反撃してから逃げるケースがありますが、どちらの場合も、攻撃をしかけた鳥が感じた怒りは相手が視界から消えた瞬間に霧散するので、両者が狭いケージの中に閉じ込められているケースを除いて大きなけがに至ることは基本的にありません。

ただ、なかには気の強い鳥もいて、気の強い鳥どうしが喧嘩になった場合、引くということができず、大きなけがをしてしまうこともあります。特に繁殖期で気が立っている時期には、よい巣の場所を巡って一方が落鳥するまで争う、という事態になることもあります。

とはいえ、ここまで書いてきたことは一般論で、オカメやセキセイなどの一般的なインコの場合、よほどのことがない限り、相手が死ぬまで攻撃し続けるような事態におちいることはありません。しかし、それでも、気の強いオスを狭いケージに複数入れることは絶対におすすめしません。

攻撃を止められない心理

鳥のほとんどは群れで暮らしています。そのため、一定の社会性をもってはいます。ただしそれは、同じく群れで暮らす動物であるイヌがもつ社会性とは根本的に違うものです。

イヌの場合、群れを作っている仲間の顔も匂いも覚えていて、すべての相手を個体識別しています。一方、鳥では、仲間の個体識別はまずしませんし、しようという意識もほとんどありません。唯一、明確に意識するのはつがいの相手だけです。鳥の群れとはゆるやかな「集団」のことで、そこでは個々がかなりの部分で勝手にふるまい、統率者もいません。

イヌの場合、群れの内部で殺しあいが起こったりしないように、本能や行動様式の中に「降参」のシステムがあって、無駄な血が流れないしくみができあがっています。

しかし、鳥の脳には「降参」のようなスイッチはありません。そのため、狭いケージのなかで諍い（いさか）が起こると、一方が大けがをして完全に戦意を失うまで、戦いが続いてしまうわけです。

小型のインコのなかではラブバードの気の強さが有名です。ワカケホンセイインコやマメルリハインコも気が強いといわれています。

オカメが攻撃的にならない理由

「オカメはおっとりしている」とよくいわれます。いっしょに暮らしていると、個体によってはそうでもないことを実感したりもしますが、それでもほかの鳥に比べて攻撃性が低いのは事実です。そうした性質が「オカメらしさ」を作り上げ、日本でのオカメ人気を持続させています。

ラブバードやセキセイなどと比べても攻撃的ではない、その理由のいったんを、野生のオカメの群れから察することができます。

オカメの群れは家族単位？

オカメの群れの基本単位は小集団です。ときに大きな群れも作りますが、その場合も小集団がいくつも集まって大集団を形成します。

その小集団は、つがいとそのあいだに生まれた子たちなど、家族や血縁の関係のものであることも多いようです。つまり、オカメの小集団は、ほ

野生のオカメインコの群れ。オスとメスの小集団を作っています。
オーストラリアで撮影（写真：岡本勇太）

かの鳥に比べて群れの仲間のあいだでの認知度が高いと考えることができます。そのため、鳥の群れではあるものの、イヌの群れに近い性質をもった群れになっているのかもしれません。

オカメの場合、野生においても、巣立ってから数か月経った若鳥が親にエサをねだるケースがあるとされます。それは、ほかの鳥たちに比べて家族の認知度が高く、巣立ったあとも親の近くにいる可能性が高いことを示唆しています。もちろん、知能の発達したインコのグループに属す鳥として、親を忘れない記憶力や判別能力ももっています。

挿し餌から自発的な食事のへの切り替えが難しいと悩む飼い主が多く、その対応についてさまざまな場所で議論や情報交換がなされていますが、それはオカメのもつもともとの性質に由来することで、野生時代から続く「オカメらしさ」なのだと感じています。

血縁があるなど、互いに認知関係にある鳥が近くにいて、群れとしてゆるやかな集団を作る傾向があるのならば、そうでない鳥に比べて社会性は確かに増していきます。おっとりした性格の鳥が多いというオカメの秘密は、どうやらこのへんにありそうです。

悲しみは感じるの？

愛する相手が死んでしまうと、人間は悲しいと感じます。強い喪失感に悩まされることもあります。人間に近い生物であるチンパンジーの母親がわが子を亡くしたとき、その死体を何か月も離さずに抱きかかえている姿が観察されたりすることから、類人猿にも悲しみを感じる心があるようだと報告されています。

それに対して、オカメやセキセイを含む鳥たちは、仲間が死んでしまっても「悲しい」とはあまり感じていないと考えられています。人間に飼育されている鳥はさまざまな点で精神性を変化させますが、生死に対する意識は、野生の鳥とほとんど変わっていないと推察されるからです。

鳥は、捕食者に襲われたとき、群れの中のだれかが犠牲になることでその鳥以外の群れの仲間が助かることを前提に群れを作っているところもあります。また、群れでは、病気になったり、敵に襲われたり、事故に遭うなどして、毎日何羽も死んでいきます。種として 20 ～ 30 年の寿命をもっていたとしても、多くの場合、3～7年で群れの大半が死んで入れ代わることになります。

つまり、野生において「死」はとても身近なものであり、日常の一部になっています。そして、野生の生活においては、だれかの死を悲しがるより、自分が生き延びて子孫を残すことのほうがより重要です。そのため、いちいち死を悲しんではいられないのです。

それでも「寂しい」とは感じる

飼育されているインコの場合、親しくしていた仲間が死んだり、そんな仲間から引き離されたりすることは、生活環境が大きく変化することにほかなりません。それまでいっしょに遊んでいた仲間がいなくなると、必然的に生活のリズムも変わります。そうした状況の変化を、インコは「寂しい」と感じます。個体によっては、それをストレスにも感じます。

それまで一羽でいたり、仲間どうしでしか遊んでいなかったインコが、仲間の死後、急に飼い主のところに来たがるようになり、甘えるようになったときは、寂しさを感じていて、かまってもらうことでそれを紛らわそうとしていると思ってください。

また、こうしたケースがあった際は、その鳥のことを気にかけ、十分にかまってあげてください。そうすることが心のケアになり、そののちも元気に暮らしていくための薬になります。

親しくしていた仲間の鳥が死んでしまったのち、急に甘えるようになったら、それは寂しさを感じている証拠です。

鳥が不安を感じるとき

鳥は自分が大事です。基本的に、つがいの相手以外に愛情をもちません。その一方で、群れの中にいて安心する生き物でもあります。敵がやってきたとき、まわりにたくさんの仲間がいれば自分が襲われる確率が下がる。だれかが犠牲になってくれれば、自分は傷つかずにすむ。そんな行動原理をもつ鳥は、ある意味、典型的なエゴイストなのかもしれません。

だからこそ、急に一羽になると不安を感じます。それは、いま敵がやってきたら、自分がターゲットになる……という本能が発する警告でもあります。

「自分以外のだれか」になってくれるなら、異種でもかまわない——。野生でときおり複数種の小鳥が混成群れを作るのには、同じ食性をもつ鳥が集まることでエサを見つけやすくなることに加えて、メンバー（数）が増えることで、自分が犠牲になりうる確率が下がることを歓迎する心理も働いていると考えられています。

家庭内に暮らすインコの中には、一羽でいることを望む鳥もいます。そうしたインコは、命の危機を感じたり、環境が急に変わったりしないかぎり、孤独感や分離による不安をあまり感じたりしないのでしょう。それでも、そんなタイプの鳥であったとしても、家のどこかに人間がいて、外出してもいずれは帰ってくることを知っていることで安心感を得ている部分はあるのだと思います。

不安を減らすために人間のそばへ

ともに生活することで人間のことを信頼し、愛情をもつようになるのは、鳥としての本来の姿からは少しだけ外れたものではありますが、大きく外れるものではありません。

柔軟性の高い心をもっているのも鳥。生きていくために必要だと思えば、環境にあわせて自分の心を変えることもできます。一羽でいる不安や孤独感を減らすことができるなら、近くにいるのは人間でもいいと妥協もします。そうした妥協は、だれでもいいから安心できる相手が近くにいてほしいという心理の裏返しでもあります。

このような心理について深く考えていくと、どこに行くにも人間についていきたがったり、人間の姿が見えなくなると叫んでしまうような強い「分離不安」を示すインコは、いっしょにいる相手（同種、異種の鳥、あるいは人間）にすぐに心を開いてうまくやっていけるタイプではなく、臆病で弱い心をもち、ある点で不器用であるがゆえに、「だれでもいいからそばにいて」と妥協するタイプのインコなのではないかというふうにも思えてきます。

だれでもいいからそばにいて？

不安を感じやすい鳥ほど、人間にべったりになると考えられています。安心感がほしくて人間につきまとうのです。

怒られることをわざとする心理

インコを形容することばとして、「永遠の○歳児」（○の中身は２～５）という表現がありますが、ある意味、それは的確なことばだと感じています。なぜなら、インコの行動は、幼児期のこどもと共通するものがたくさんあるからです。同時にインコには、大人の動物としての知恵もあります。だからこそ「やっかい」で「愛すべき存在」なのでしょう。

かじってはいけないといわれた場所をかじろうとしたり、そこには行くなといわれた場所に行こうとするなど、インコは「ダメ」といわれたことをよくやります。それに対して、「学習してくれない……」と悩んでいる方もいますが、逆に「学習」した結果、わざとやっているケースも実は多いのです。

インコは学習する

「あることをする」→「『ダメ！』といって飼い主が飛んでくる」→「またやってみる」→「また飼い主が飛んでくる」ということが続くことで、それを「遊び」の一環と認識することがあります。

「あること」をしようとするそぶりを見せるだけで、飼い主がじっと自分を見つめ、一線を越えると自分のもとに駆け寄ってくることは、インコにとっては「飼い主の注意を自分だけに引きつけること」にもつながり、その結果、自分に向かって駆け寄ってくるなど、「嬉しいことが起こる」という認識につながっていきます。

「何度止めてもやめてくれない、うちのインコには学習効果がない……」と嘆く飼い主さんもいますが、何度も行われるその（いたずら）行為が、上記のケースのように、インコがした「学習」の結果であることも多いのです。またそこには、親の注意を引きたくて「ダメ！」といわれたことを何度もしてしまう「こどもの心理」も見え隠れします。

放鳥時はインコから目を離さないのが原則です。そうであるなら――実際になんの被害も生じず、危険物に近づくことは絶対に避けるようにして、インコがけがなどをする心配もないのなら——、気持ちを切り換えて、わざといたずらしてくるインコとの一連のやりとりを、インコと人間とのコミュニケーションの一環ととらえてしまった方が、お互いの気持ちにとってプラスかもしれません。

人間側の気持ちの切り換えも大事です

わざといたずらするインコ。見ても怒ったりせずにコミュニケーションの一環にしてしまいましょう。

相手をしてもらうために、仮病も使う

天敵に見つかった子連れの親鳥が、わざとけがをしたような行動を取って相手の注意を自分に引きつけ、ヒナたちの安全を確保しようとすることがあります。こうした親の行動は、「擬傷行動（ぎしょうこうどう）」と呼ばれます。

鳥にとって、「相手の注意を引きつけるためにぐあいの悪そうなそぶりをすること」は、そんなに難しいことではありません。

「動物はウソをつかない」ということばもありますが、それは人間の勝手な思い込みです。自分や子供が生き延びるためには全身でウソもつきますし、逆に体調が悪いことを隠し通したりもします。

インコのつくウソ

飼育されている鳥もウソをつきます。ただ、家庭の中には野生状態のような危険は存在しないので、ウソはもっぱら飼い主の注意を自分に引きつけるためにつくことになります。

大型インコでときおり見られるのが、翼の羽の変な位置から足を出して、「たいへん、からまっちゃった。どうしよう」みたいなことをすること。実はそれは遊びだったり、「どうしたの？」と飼い主に心配してほしくて、わざとやっていることも多いのです。

オカメなどの中型インコで見られるのは、エサを食べずにいること。具合を悪くするなどしてエサを食べなくなると、飼い主が心配してそばについていてくれることを学習した鳥に、ときおり見られます。

食べるのを我慢するのは鳥にとって苦痛ではありますが、そうすることで好きな相手が長い時間いっしょにいてくれたり、「とにかく栄養を」と、いつもとちがうエサをくれたりすることがわかると、「食べない作戦」をやってみることがあります。こうした行動もまた、高い知能のなせるわざです。

飼い主コントロール

飼育されているインコは、ただ人間の思惑に沿ってそこにいるわけではありません。インコ自身も、より快適に暮らすために、見えるかたち・見えないかたちで飼い主の行動や意識に干渉しています。

もっとはっきりいえば、インコとしても、飼い主を自分の思うように動かしたいと思っています。つまり、こうした行動も、「インコ的飼い主コントロール」の一環であり、人間はまんまとインコの思惑に乗せられてしまっているということなのでしょう。

インコ的飼い主コントロール

快適に暮らすために、また自分の思い通りにするために、
密かに飼い主の心に干渉しています。

どうして人間のことばを話すようになるの？

なぜ話すようになるか。ひと言でいうと、それは「楽しいから」です。

人間の成長過程でいえば、遊びながら成長していく幼児期、新しいことを覚えることが楽しくてたまらない時期があります。インコの場合も、ことばを話すことに人間の幼児と同じような楽しさを感じているのでしょう。

ことばや口笛を覚えるメカニズム

ほとんどのインコは群れをつくって生活しています。そのため、一羽きりではとても孤独です。飼育されている家にほかに仲間がいれば、寂しさは減りますが、そうでない場合、ともに暮らす人間だけが心の支えになります。

観察のすえ、人間の発する声やことばが、家庭という小群れの中で意思や状況を伝えあうための重要な信号（鍵）だと知ったインコは、自分も同じ声が出せるように努力します。そうすることで、この群れでうまくやっていくための一歩が踏み出せるように思えるし、孤独感も減るからです。

一方、口数の少ないメスは、人間のことばを覚えてしゃべったりはしませんが、人間の声を聞き、ニュアンスを聞き分け、人間の行動や表情を観察することで人間の意図を読み取れるようになっていきます。

つまり、人間のことばを発しないメスほかの鳥にとっても、話しかけられることはとても重要だということです。語りかけられることが多ければ多いほど得られる情報が増えて、人間のことが理解できるようになってきます。

楽しいと感じるメカニズム

ことばを覚えるインコに話をもどしましょう。

人間も単純なもので、インコが自分のことばや口笛を覚えると、それを嬉しく感じ、気持ち的にも楽しくなります。その嬉しさや楽しさは、声の震動や表情を通してインコに伝わります。ことばを発した鳥にしてみれば、ほめられたことは嬉しいし、自分の呼びかけに対してちゃんと反応が返ってきたことも嬉しいと感じられます。

おそらくそのとき、群れの一員としての安心感も得ているのでしょう。もっと喋ろう、という気になるのも自然な流れです。たくさん喋ると、人間がますます嬉しそうになるので、インコもだんだん調子に乗ってきます。その循環が、ことばを話すインコを作るのだと考えられます。

また一般に、鳥のメスは芸達者なオスを好む傾向があり、さえずる鳥の場合、歌のバリエーションが多いほど魅力的なオスとして歓迎される傾向があります。オスはそんな好ましい存在になるべく努力をします。

そうした方向性はおそらく、しゃべるインコたちの遺伝子の中にも刻まれているのでしょう。しかし、たとえばオカメとセキセイでは、その発現に違いも現れます。セキセイの場合、ことばのバリエーションを増やすことに意識が向きます。オカメに比べてセキセイの方がよくしゃべるといわれるのはそのせいです。

一方、オカメの場合は、ふだんからクチバシでものを叩いて響く音を楽しんだりするなど、ことばそのものより、もっと音楽的なものに触れたり覚えたりすることの方が楽しいようで、ことばと口笛では口笛を好む傾向もあるようです。また、覚えた曲のメロディをどんどんアレンジしていき、それを自身で楽しむのも、オカメの特徴となっています。

口笛をまねするオカメは、途中でどんどんメロディラインを変更してきます。そのため、「オカメは音痴」、「うちのオカメは口笛のまねが下手」などといわれていますが、それは誤解です。音痴なのではなく、彼らは変更することを楽しんでいるのです。彼らはそういう「仕様」の頭脳をもっているのだと思ってもらえたら嬉しいです。

人間の食べ物をほしがる理由

人間の食べ物にかぎらず、ドッグフードやキャットフードなど、同じ家に暮らす生き物が食べているものに、インコは興味をもちます。ほかの生き物が食べているものなら毒は入っておらず安全だと、まず彼らは認識するからです。

そして、「鳥には拾い食いの習性がある」といわれるように、目の前に食べ物と思えるものがあったら、一口かじってみるのも自然な反応です。

鳥たちがふだん食べているものには強い味がついていません。当然、種子などのナチュラルフードには糖分や塩分は添加されていませんし、栄養バランスを重視して作られているペレットにしても、味についてはドライです。

一方、人間の食べ物には、さまざまな味がついて（つけられて）います。口にしてみたインコにしてみれば、「かわった味」で「おいしいもの」という認識になります。

口腔内に味を感じる味蕾が少ないといわれている鳥たちですが、少なくともインコにかぎっては、さまざまな味を感じ分けていますし、食感も含めた好みが明確にあるのも事実です。

若鳥はチャレンジャー

生後１年未満の若鳥は、人間のこども並のチャレンジャー精神のもちぬしです。そしてこの時期は、食べたものによって成鳥後の食性が決まってくる時期でもあります。

偶然、あるいは意図して人間の食べ物を口にした若鳥は、一瞬でそれが好きになってしまいます。そして、一度人間の食べ物を「おいしいもの」と認識すると、その後も食べてみようとします。

当然、飼育者はインコの体のことを考え、また「人間の食べ物を与えないように」という飼育書や獣医師からの指導に従って、人間の食べ物からインコを遠ざけようとします。しかし、インコに「我慢する」という意識はほとんどなく、体にいいか悪いかなど考えることもないため、人間が隠した食べ物が置かれた場所にこっそり潜り込み、食べてしまうインコもいて、人間とのあいだで攻防が起こったりもします。

その際、食べようとしたものを取り上げられたインコは、「人間ばかりおいしいものを食べてずるい」とでも思って腹立たしく感じていたりするのでしょう。

本当はよくないことですが ・・・・・・

本当は人間の食べ物を与えることはよくないことです。しかし、エサを食べなくなり、これ以上体重が落ちたら生死の境にかかるといわれた鳥が、人間の食べ物をほしがる鳥だったことが幸いして命が助かったケースも実際に存在します。獣医師の監視、指導のもと、人間用のコーンフレーク、蒸しパン、カステラなどのカケラを牽引剤（けんいんざい）として食べさせ、合わせて種子やペレットも食べさせたことで、自力での摂食が回復した例でした。

わがままなインコになる理由

わがままにふるまって飼い主を困らせるインコはたくさんいます。幼いころに我慢することを教えられず自由奔放に育ってしまうと、そんな鳥になってしまいます。

鳥がわがままに育ってしまうのは、育てる人間に鳥の生理や心理、育児についての十分な知識がなかったり、育てるということを甘く見ていたり、意図して甘やかしたことなどが、大きく影響しています。

鳥を育てる際には、鳥についての十分な知識をしっかり身につけておく必要があることを、もっと世の中に伝えていくべきなのだと思います。

また、そうして育った鳥の行為を「問題行動」という言葉でひとくくりにして、インコ側に責任を押しつけるケースも見うけられますが、もともとの問題が人間側にあったとしたら、「問題行動」という言葉を使うこと自体、不適切なのではないかとも思っています。

わがままは明確な自己主張

そうした困った背景がある一方で、わがままに育ってしまったインコの行動が、鳥の心や精神構造を解明したいと願う研究者にとって、とても貴重なデータになることもまた事実です。

わがまま鳥は、「人間になにを求めているのか」、「なにをしてほしいのか」、「どういう状況を望むのか」をストレートに表現しています。

その行動から、人間と暮らしている鳥の心の奥底にどんな望みがあるのかが、明確に伝わってきます。大人しい鳥、聞き分けのよい鳥が隠してしまっている心の動きが、彼らの行動から見えてくるのです。

皮肉なことではありますが、こうした鳥から得られる情報も、将来もっと鳥たちが幸福に暮らしていくために必要な情報であるのは確かです。

将来のために……

わがまま鳥の現状をしっかりと受け止め、彼らを教師にその心の状況や心が形成された経緯を学び、それを鳥たちの心の解明へとつなげていくことが、まちがった方向に育ってしまったインコたちへの償いになるのだと思います。そして、そこから得られた情報をこの先の飼い主に伝え、より適切な飼育方法を啓蒙していくことで不幸な鳥と飼い主を増やさないようにすることが、そこでできる一番大事なことなのかもしれません。

人間の知識不足や必要以上の甘やかしがわがまま鳥を作ります。
鳥を育てる人間には、大きな責任があります。

インコの音楽センス

セキセイや大型のヨウムが人間のことばをよく覚える一方で、オカメは口笛をまねすることを覚えたり、クチバシで金属などを叩いて（ノッキングして）音を出すことを楽しんだりします。

カナリヤなどの鳴禽類が師匠役の先輩鳥の鳴き声を正確に覚えて、お手本どおりに綺麗にさえずるのと対照的に、インコ類、特にオカメの歌や口笛は音がはずれたり、せっかく正しく歌えても、次の瞬間には意図的にメロディラインをずらすなどして、飼い主を苦笑させたりします。そのため、オカメは音痴だと思っている人も多いようですが、先にも解説したとおりそれは誤解です。

インコは自己のアピールや自分自身の楽しみのために歌や口笛やことばをおぼえていきます。聞いた音や歌を正しく覚えることに楽しみを見いだすインコがいる一方で、最初に聞いて覚えたものをどんどんアレンジしていくことが楽しいインコも多くいます。そうすることも、彼らにとっては「遊び」なのでしょう。

ですので、少しずつ調子がはずれていく歌を聞いても、「おまえは歌が下手だねぇ」と哀れんだりしないでください。逆に、「どんどん変えていけるおまえはえらいねぇ」とほめてあげてください。もっとも、下手にほめるとさらに素っ頓狂な歌を延々と聞かされる羽目になるかもしれませんが――。

オカメはアレンジが得意。アレンジを楽しんでいます。

同じ高さの音は不快？

鳥の飼育経験のない人たちの中には、文学やアニメなどの影響から、鳥たちは音楽が好きで、複数でハーモニーを作るようにさえずったりすると思い込んでいる人も少なくありません。しかし、鳥たちの音楽に対する意識は、一般的に思われている「音楽好き」とは少しちがっています。

たとえば、口笛のまねをするオカメに対して、人間もぴったり同じ高さの音を出して共鳴させると、とたんに気持ち悪そうな顔になって発声を止めてしまいます。頭の中に残っている音楽に沿って自分でさえずってみるのは好きでも、ぴったり同じ音が重なるのは嫌い、あるいは不快なようです。

オカメのノッキング

オカメほか数種のインコは、クチバシでなにかを叩いてその反響を楽しんでいます。金属を叩いたときに出る澄んだ音や、くぐもったように響く音がお気に入りのようです。クチバシで叩いてみると、材質や大きさで、さまざまな音が出ることから、いろいろ叩き比べて楽しんでいるようすも観察されます。

ノッキングが大好きなインコの場合、「共演」するのもおもしろいらしく、自分がまずノッキングし、次いで人間に同じように音を出すように促し（人間の指の爪は鳥のクチバシに近い材質のため、指で弾くと近い音を出すことができます）、また自分がノッキングするといった形で、交互に音出しをすることを楽しんでいるインコもいます。

ノッキングコミュニケーション！

飼い主のためにがんばる

ほかの鳥のグループと比べて、インコ類は総じて長寿。25歳を越えたオカメや45歳を越えたヨウムも珍しくありません。

病気や老化で死期が迫っているインコたちの頭に、死んでしまった自分の姿がイメージされることは、おそらくないでしょう。鳥は「死」の概念を明確にもってはいないからです。

それでも、そうしたインコたちは、それほど遠くないうちに自分の命が尽きることを漠然と感じ取っているのかもしれません。心理学的に確認することは困難ですが、そんな印象をもっている飼い主や鳥の専門医が多数いることは事実です。

本当に感じ取っているのだとしたら、それはおそらく、感じている自身の体調と、飼い主から感じ取れるその心の２つの組み合わせによるものなのだと思います。

これまで体験したことのない極限の具合の悪さを感じたインコは、それが異常なことだと気づきます。また、ずっと愛してくれた飼い主が、いつもより深刻な顔をして、いつもよりやさしく呼びかけてくることにも違和感を感じるはずです。その声や表情から、飼い主が不安を感じていることや、深く心配していること、悲しんでいることが伝わってきます。

そのときインコは、自分の寿命のことを漠然と感じ取るのかもしれません。そして、そうなってしまったら（寿命が尽きてしまったら）、飼い主が寂しさを覚え、より強い不安に包まれると感じてしまうのかもしれません。

深刻そうな声や表情から、インコはなにかを感じ取っているのでしょう。

気力で命をつなぐ

ときに、「この状態でどうして生きているのかわからない」と獣医師にいわれるような状況でも生き続けてくれるインコがいます。「奇跡的ながんばりです」と医師が驚嘆の声を上げることもあります。

とにかく生き続けることが飼い主の最後の願いだとわかっているかのように、体力もなくなった小さな体で、何日も何週間もがんばって生き続けてくれるインコがいます。飼い主の思いが届いているのだと信じたくなるようなケースは確かにあります。

科学的でないと一蹴する人もいるかもしれませんが、家族の励ましを受けて、気力をふりしぼるようにして、ぎりぎりのところで懸命に生命をつないでいる人がいるように、人間に愛し愛されたインコにもまた、家族の励ましを受けてがんばって生き続けるケースはあるのだと思っています。

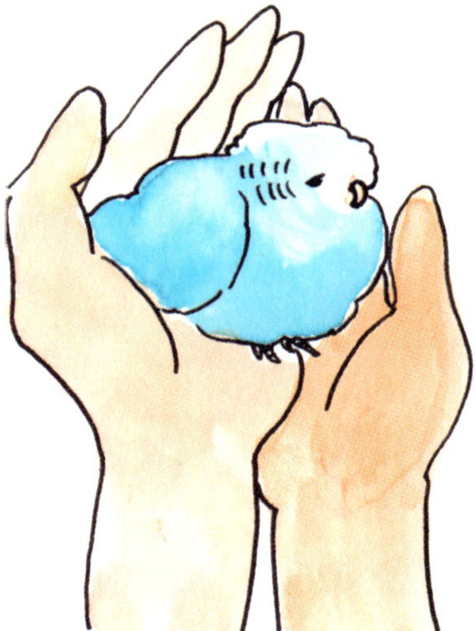

愛し愛されたインコに、「生きてほしい」という願いは確かに伝わっているのだと感じています。

column5

エサを食べずに待っているインコ

うちのオカメはリビングで暮らしています。外出しようと玄関に向かう際には必ずインコたちの前を通りますが、そのとき彼らは服装や持ち物を観察して、すぐに戻ってくるのか何時間も家を空けるのか判断しているようです。

予想通りか予想より早く戻ると「あぁ、帰ってきたのね」と一瞥するだけですが、たとえば予定が伸びて半日も家を空けた場合は、玄関のドアに鍵を差し込んだ瞬間に、全員が絶叫します。そのときの声には、「やっと帰ってきた」、「遅い！」、「今日は遊んでもらってない」、「よかった、安心した」、「おなかすいた！」という響きが感じられます。

おなかすいたと聞こえるのは、一番懐いている98年生まれのノーマルカラーのオス。子供のときに甘やかしてしまった彼は、食事は必ず人間といっしょに取ると思っているらしく、目の前にいるか、最低でも気配が感じられる場所に知っている人間がいないとエサを食べません。人間がリビングに戻って食事を始めたり、お茶を入れ始めるとガツガツとエサを食べ始めます。

おかげで、事務所のスタッフに留守番を頼んでいないときは、長時間の外出ができません。本当に食べずに待っているからです。友人と会っている際、「家で鳥がご飯を食べずに待っているからそろそろ帰る」と伝えることがありますが、これは下手な言い訳ではなく事実なんです。

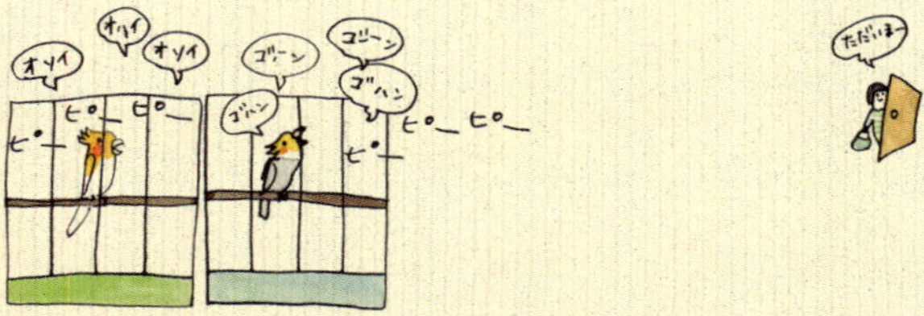

5章

人間に求められること、知っておきたいこと

どこを見ればインコの気持ちがわかるのでしょうか。
楽しい時間をすごすために、どんな知識が必要なのでしょう。
インコたちと暮らす上で大切なことをまとめてみました。

気持ちや感情があらわれる場所

インコは常に、さまざまな感情を全身で表現しています。それが読み取れるようになれば、インコとの距離はぐっと縮まります。

前章では、怒りや嬉しさなど、それぞれの感情の特徴を解説してみましたが、ここでは、感情が見えるインコの体の部位や、その場所での感情のあらわれ方などをまとめてみたいと思います。

インコの感情を知るための主な注目ポイントは、「目、虹彩」、「口許」、「冠羽」、「翼（その広げ方）」、「足どり」、「声」、「全身の動き」です。

目

なにかをじーっと見つめているのは、興味をもった証拠。おもしろいものかもしれないと、わくわくしながら見ていることがある一方で、それがなんなのか確かめてみないことには怖くてしかたがないといった気持ちから、じっと見つめていることもあります。

人間になにかしてほしいことがあったり、強い関心の対象を見ているときは、顔を正面に向けて両眼で見ます。小首を傾げるようにして片目で見ているのは、もっとよく見たいと思っているときです。

片目ならば、両目のときより見たい対象に目を近づけることができ、より詳しい観察ができます。人間が小首を傾げるのはかわいらしいしぐさですが、インコのしぐさはもっと実用的です。

なお、インコの目やその周囲にあらわれる感情は、おおむね右以下のイラストのとおりです。

目を大きく
見ひらいている
（生理的反応）

びっくりしている
（※冠羽のある種の場合、冠羽は少し立ったくらいの通常の位置にあるはずです）

目を大きく見ひらいている（半分は自分の意思）

怒っている
（※冠羽のある種の場合、冠羽は少し立ったくらいの通常の位置にあるはずです）

虹彩がぎゅっと絞られている

興奮中

虹彩が開いたり、縮んだりしている

期待感をもっている、心に葛藤がある
（※怖い、でも興味もある、どうしよう……などというケースです）

口許

舌が見えるほど大きく開いた口を相手に向けるのは、軽い威嚇〜怒りのあらわれ。怒りは常に目にもあらわれるため、顔全体で表現されます。

なお、穏やかな顔で大きく口を開けて、舌を長く伸ばしてくるのは、「それおいしそう」、「かじってみたい（興味あるよ）」、「ちょうだい」というサインでもあります。

軽い威嚇〜怒り

おいしそう、ちょうだい、かじってみたい

冠羽

冠羽のある種類では、冠羽を見るだけで、その心理状態がかなり詳しくわかります。

大きく逆立っている

びっくりしている、恐怖を感じている、強く興奮している

ぺったり寝ている

心は平常状態～嬉しさを感じている状態、満足している

少し逆立っている

不安を感じている

立ったり戻ったり不安定

怖い。でも興味もあるなど、葛藤がある、迷いがある

ここで解説したケース以外のものとしては、相手を威嚇したいと思っている気の強いインコが、体を大きく見せようとして冠羽を逆立てるケースがあります。そうした鳥の場合、「これからお前に襲いかかるぞ」という合図であることも多いようです。

翼の広げ方

暑いとき、鳥は翼を広げて脇の下に風を通し、体を冷やそうとします。その際は一定の時間、同じポーズが続きます。クチバシを開けた開口呼吸が伴うこともあります。

広げた翼を「わきわき」とゆすってみせるのは、嬉しさの表明か、嬉しいことがおこる（人間にしてもらえる）ことへの期待（わくわく感）です。

このとき同時に頭を上下させるインコもいます。こうした行動には、「待ちきれない！」という感情が見え隠れします。

体を冷やしたい

嬉しい、わくわく、待ちきれない

待ちきれない！

足どり

ステップを踏むような足どりでとまり木をそそくさと左右に移動するのは、期待感のあらわれ。「ここから出してくれるの？」、「おいしいものをくれるの？」というわくわくした感情がインコにステップを踏ませます。

わくわく

声

怒りや嬉しさなどが声にあらわれるのは、人間もインコも同じ。感情が高まると声が大きくなってくるのも、よく似ています。

そのほか

オカメなどが見せる、ゆらゆらと体を左右に揺らす動作は、基本的に相手に対する威嚇ですが、その背後には相手に対する恐怖が隠れています。この行為には自分の姿を大きく見せたいという目的もありますが、あまり成功しているとはいえません。

また、のけぞるようにして全身の羽毛を逆立てているときは、恐怖感や不快感を示しています（寒さを感じている場合を除く）。生理的な嫌悪感から、羽毛を逆立てることもあります。

インコがしてほしいことを伝える方法

インコたちは、ここで挙げたようなボディランゲージのほか、より直接的な方法でも、してほしいことを伝えてきます。

かいてほしいと頭を押しつけてきたり、コクンと首をたれてみたり。すぐにかいてもらえないと、「まだ?」というかのように、下から見上げてみたり。なかには、片足で人間の指をつかみ、かいてほしいところにもっていく積極的なインコもいます。

話すことのできるインコの場合、ことばでもさまざまな要求をしてきます。夜、寝かしつけようとカバーをかけたあと、「おはよう。おはよう」と何度もいうのは、「ほら、朝だよ。また、ここを開けて、遊んで」という希望の表示です。「○○おいしいねぇ」ということで、食べたいものを要求することもあります。

ケージの中にいるインコに指を差しだして、すぐに乗ってくるときは、「外に出たい。出てもいい」という合図で、逆に、指を入れると、とまり木からケージの床に降りて奥の隅に座りこむことが、「今日は(体調がいまいちだから/気分がのらないから)出たくない」という意思表示であるインコもいます。

したい、したくないの意思表示も、インコによって、また飼い主とインコとの関係によって千差万別。さまざまな状況のもとで意思疎通のやりとりをすることも、上手く暮らしていくための重要なコミュニケーションです。

もっとかいて、とおねだり

出たくない!
とアピール

飼育は個性を見ながら

鳥たちは人間が思っている以上に幅広い個性をもっています。人間がひとりひとり違っているように、インコも一羽一羽、違っています。すべてが、世界でただ一羽の鳥です。

いっしょに暮らし始める際、「こんな鳥になってほしい」という希望をだれもがもつと思いますが、どんな鳥に育つかは、個性にも大きく左右されます。必ずしも思ったような鳥に育つわけではないことは理解しておきたいものです。

どんなときにどんな反応をするのか。いっしょに暮らしているインコのようすをじっくり観察してみてください。行動のパターンから、どんなタイプの心をもった鳥なのかがわかります。また、なにをしてほしい・ほしくないという反応から、その鳥に合ったつきあい方も見つかるはずです。

孤独に対する強さ、弱さ、ストレスに対する反応なども把握する努力をしてみてください。そうすることで、インコはより快適に暮らしていけるようになります。

反応から個性を知る

同じ状況でも、インコたちは個体ごとにまったく違う反応を示します。

ひとつの例を示してみましょう。

オカメは尾が長いため、狭いところに集まると、意図せずだれかの尾を踏んでしまうことがあります。そんな状況をまねて、１・２秒ほど、指で尾を踏んだように押さえたとき、ともに暮らしている５羽のオカメインコはまったく違う反応を示しました。彼らの反応は右ページのとおりです。

尾を押さえられたオカメ5羽の反応

1 雄（二番目に年長：家で一番強い）

人間が「わざと」押さえたことを瞬時に悟った彼は、振り返り、大きく口を開けて「離せ！」と威嚇。自然の状態で「意図せず」ほかのインコに尾を踏まれた際も、やはり彼は威嚇していました。どうやら尾を踏まれたり触られたりすること自体がいやなようです。

2 雄（三番目に年長：無頓着な性格）

「あれ？　前に進めない。なんでだろう」という顔をして、足をじたばた。指を離した瞬間に、ふつうに歩き去りました。こうした状況は、彼の中ではときどき「あること」として処理されるらしく、ほとんど気にしないという反応です。

3 雄（一番若い：野心家）

「動け、前に行け。この足！」とでもいうように自分の足（必ず右足）に噛みつき、少しでも前に行くようにクチバシで足を引っ張ります。

4 雌（最年長：かなり神経質）

「なに？　なにがおこったの？」と声を上げ、動けることがわかった瞬間に飛び去りました。

5 雌（一番若い：おっとりした性格）

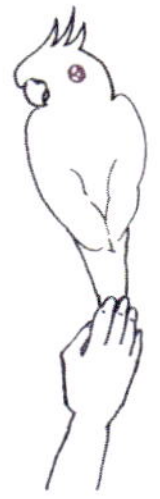

無言のままゆっくり振り向き、そして「お願い。離して」といわんばかりの目で、じっと見つめます。その後、ふり向いて、「かいて」と手に頭を押しつけました。

インコの心にある葛藤

インコの心の中には常にバランスシートが存在しています。どんな行動も、どんな判断も、たったひとつの感情や思いで決めているわけではありません。

好きなこと－嫌いなこと。怖いこと－楽しいこと。めんどうくさいこと－心が踊ること。どんな場面でも複数の感情があって、最終的に行動は、その中で強く針が倒れた方向に向かいます。

急に人間嫌いになった？

たとえば、55対45の割合で「人間が好き」／「人間が怖い」という感情をもっていたインコがいたとします。「人間が好き」という感情が勝っていたため、彼（彼女）は人間に対して日々フレンドリーにふるまっています。

ところが、急に具合が悪くなって病院に連れて行かれることになり、治療の末に完治はしたものの、病院に行くという体験が人間に対する恐怖感をほんの少し、たとえば10パーセント増やしたとします。

その結果、このインコの中では、好き・怖いの感情が45対55に変化してしまいました。つまり、表面的には、「病気のあと、人間を怖がるインコになってしまった」ということです。そうした状況におちいった飼い主は、「うちのインコがすっかり変わってしまった……」とショックを受け、落ち込んだりもします。

ここで挙げたような例は、数かぎりなくあることでしょう。でも、嘆かないでください。インコの気持ちが100パーセント変わってしまうような大事件はそうそう起こったりしません。一見、大きく変わってしまったように見えても、実際にはインコの心の中で何パーセントかマイナスが増えただけで、心理状況が劇的に変化したわけではないのです。こうしたケースでは、細かいプラスの積み重ねで、気持ちの挽回が可能です。

じっくり時間をかけて、「怖いことはしないよ」、「あなたの気に沿わないことはしないよ」、「毎日やさしく語りかけるよ」、「大事に、大事にするよ」、「愛しているよ」ということを行動で示してあげてください。

大事に思っていることが少しずつ伝わっていくことで、1パーセント、また1パーセントとインコの気持ちは変化して、ある日、50パーセントを越えたとき、以前のように仲のよい関係にもどれるはずです。いえ、時間をかけて信頼を取り戻したぶん、関係は強まっているかもしれません。

幼いインコが感じていること

孵化の数日前——まだ卵の中にいて成長を続けているときから、ヒナの耳には親の声が聞こえています。それを知っているので、親もときどき卵に向かってささやきかけています。生まれる前から、ヒナはこうした音声による刷り込みによって親の声を覚え、自分の親を認識しています。

卵から孵ったヒナは、親鳥が与えてくれるエサを食べ、親鳥のぬくもりを感じて急速に成長していきます。この期間の親鳥とヒナの接触はきわめて濃密で、幼鳥にとってまさに親鳥こそが世界の中心になっています。

親の羽毛にふれ、その体温を感じることで、ヒナは安心感を得ます。そしてその接触が、肉体を成長させるホルモンや脳を成長させる脳内物質の分泌を促すもととなり、精神的に安定した鳥へと成長させます。

人に馴れさせるために早く親から引き離す、といったことが古くから行われてきましたが、幸福感に包まれたこの時期を一定期間体験させてやらないと、精神状態が安定しない鳥になったり、空気が読めない鳥になったりするのは確かなようです。

人間との出会いは恐怖感からスタート

動物が自分よりも大きな生き物を見て感じる最初の感情は「恐怖」です。もちろん、インコにとってもそれは同じで、特に幼い鳥が人間に対して感じる本能的な恐怖心はかなり強いようです。

しかし、本能が命じる「生き延びろ」という指示は、恐怖感を打ち消すほど強く、「食べて命を繋げ」という命令は、幼鳥の心と体を支配しています。親から引き離された幼鳥にとって、エサを与え、寒くないように保護してくれる相手が人間しかいないのであれば、「次善の策」として、それを受け入れます。死なないために、選んではいられないからです。

ところが、せっかく妥協して受け入れることを決めた人間であるのに、世話役が途中で交代してしまうと、インコは混乱します。おおらかなインコや、細かいことを気にしないインコならば、「まぁ、別の人に変わっても、人間は人間だし、いいかぁ」と受け入れていきますが、神経質なインコの場合、警戒心＋恐怖心＋不信感が、「生き延びよ」と命じる本能を上回ってしまうこともあり、そうなった場合、急にエサを食べなくなったりもします。

ブリーダーやショップから飼い主のもとに移る際、「急にエサを食べなくなった」など、ＳＯＳが発せられることが増えるのは、そうした心理状態から起こっています。

庇護する人間が交代したことをヒナに受け入れてもらうために重要なことは、安心できる環境を整えて、心を落ち着かせる時間を与えることです。恐怖や不安が少しでも減れば、新しい状況になじむのも遠くはありません。

オカメのヒナ

ウロコインコのヒナ

わがままな鳥にならないために

ヒナを迎えるのは、とても嬉しいことです。人間には、女性だけでなく男性にも「母性本能的本能」があるため、大きな口を開けてエサをねだられたり、あげたエサを食べてくれたことに幸福感を感じます。また、満腹になったヒナが眠ってしまうと、改めてやさしい気持ちになったりもします。少し成長して、いろいろなものに興味をもちだし、突っついたりかじったりするようになっても、「親」として、温かい瞳を向け続けます。

まだ幼い鳥たちが、なにも知らないまま、やってはいけないことをしてしまうのがこの時期です。そのとき、「まだ子供だし……」と、叱ったりしない人も多く見られますが、それはよいことではありません。むしろ、悪です。

イヌやネコの母親がちょうどこの時期、いろいろなことをし始める子イヌや子ネコに対して「ダメなことはダメ！」と、教育的指導をするのはよく知られています。その環境に上手に適応して生きていくためには、幼い時期におこなう厳格なしつけが不可欠だとわかっているため、「最初がかんじん」と親はこどもにきびしくあたるのです。

インコの子育てにも同じことが要求されます。その家で安全に、心ゆたかに暮らしていくためには、「いいことはいい、ダメなことはダメ」、「この状況ではこうする」、「ケージの外にいられるのはこのくらいの時間」と、早い段階ではっきりわからせることが必要です。

いきなり大きな声で「ダメ」といわれると、ヒナや若鳥はびっくりしてしまうかもしれません。興味を覚えたものを取り上げられたりすると、怒るかもしれません。けれども、そこできちんと教え込んでやることで、その家で暮らすためのルールが刷り込まれていきます。

完全に大人になってしまったあとで行動を変えさせようとすると強いストレスも生じますが、心がまだ柔軟なこの時期ならば、少々きびしめの指導を行ってもインコはストレスを感じたりしませんし、大きく傷ついたりもしません。人間を恨んだり、憎んだりするようにもなりません。

そうした指導は、最終的にインコと人間、双方の幸福につながっていきます。ただし、そこにはクッションとしての愛情が必要です。してはいけないことを教えるとき以外は、たくさん甘やかしてあげてください。

ともに生きていくためのルールを理解させる

やさしく見守る気持ちはとても大事です。また、小さなときに十分なスキンシップを取り、たくさん話しかけることで（ことばを覚えさせようとするのではなく、声をかけることで気持ちを伝えようとすることで）、インコはメンタル的に落ち着いた大人へと成長します。互いの体温が感じられるスキンシップは、ホルモンのバランスを整え、肉体が健全に育つ一助になります。

そしてそれは、大人の羽毛へと換わる最初の換羽までが勝負です。人間でいえば乳幼児から少年・少女期にあたるこの時期、たくさんの愛情を注ぐとともに、なにをしてはいけないのか、何が危険なのかをはっきり教え込んでください。人間の家の中でともに生きていくためのルールを教えるのは、この時期をおいてないのですから。

まだ幼いからと甘やかしてはダメ。幼いときにしてもよいことダメなことをはっきり伝えてください。そしてたくさんスキンシップを取ってください。

しゃべりたくない鳥、歌いたくない鳥もいる

おしゃべりをさせたくてインコを飼い、早くことばを覚えるようにと毎日何時間もその前で語りかける人がいます。オスなのに、ずっと話しかけているのに、ことばを話そうとしないと怒る人もいます。

でも、待ってください。

甘えたがりだと信じられているオカメの中にも、人間の手がふれることを極端に嫌う鳥がいます。話しかけられることは好きだけれども、自分からはあまりしゃべりたくないインコもいます。

よくしゃべるといわれるオスのセキセイでさえ、全部が全部しゃべりたいと思っているわけではありません。散歩が嫌いなイヌがいるように、人間のことばを覚えたくないインコだっているのです。

しゃべるのはインコの意思

しゃべりたくないインコの意思に反して「しゃべらせよう」とするのは人間のわがままです。まして、しゃべれるように「しつけたい」というのは、エゴ以外のなにものでもありません。

これは歌やおしゃべり以外にもいえることで、インコに対してその個性を見ずに、「こんな鳥にしたい」、「こんなことができるようにしつけたい」と思うのは傲慢な意識であると思っています。

その家で楽しく安全に暮らしていくために必要なことを教え込むのはとても大切で、「なにが大事で、なにをしてはいけないのか」を、ときにきびしく指導することは飼い主の義務です。重要な場面、局面でインコ（特に若い鳥）を甘やかすことは絶対にしてはいけないことです。

でも、それと、人間の勝手な思惑や意思をインコに押しつけることは、まったく意味が異なります。まして、そこで「しつけ」などということばを使うのは不適切です。強制的な訓練は、それを望まないインコにとってはストレス以外のなにものでもありません。

サインを見つけてください

歌いたいインコ、話したいインコは、人間の声や歌をじっと聞いていたり、もっとよく聞こうと肩に登って口許に耳を近づけたり、もっとなにかいえ、歌え、口笛を吹け、というように唇を突っついてみたりするなど、必ずそのサインを出します。

家に連れてきてすぐにそんなそぶりを見せるかもしれませんし、しばらくしてなじんだころに要求してくるかもしれません。そんなようすが見えたら、インコの希望に沿うかたちで教えてあげてください。

インコと楽しくすごしたいという希望があるのなら、無理強いは絶対に禁物です。その意思を優先して、彼らのもつ希望や才能を伸ばすようにしてあげてください。それが長く充実した暮らしをしていくための秘訣です。

相手も、自分の意思をもったひとつの命であることを絶対に忘れないでください。

インコはほめて伸ばす

動物になにかさせたいと思った際は、その動物がなにをしたいのか、日常的にどんなことをしているのかを見きわめて、その動物の気持ちや関心に沿うようにしながら、やれることを伸ばしてやるのが基本です。

いやだと思っていることを強制しようとしてもうまくいかないことが多いですし、無理にやらせるようとすると動物の心を傷つけたり、人間との信頼関係を壊してしまったりします。ストレスで精神的な変調を起こしたり、体調を悪化させてしまうこともあります。

インコも同じです。

本人が自発的にやった瞬間がチャンス

歌わせたい、呼べば来るようにしたいなどと思っても、簡単には実現できません。しかし、タイミングとやり方を選べば不可能ではないかもしれません。たまたまでも、一時的でも、本人（本鳥）が近い行為をした瞬間、すかさずほめること。それがポイントです。

人間もインコも、ほめられると嬉しいと感じます。そのうえ「ごほうび」までもらえると、嬉しさはさらに増してゆきます。「あること」をしたあとにほめられることが続き、「あることをする」→「ほめられる」という図式に気づくようになると、動物は積極的にその行動をするようになります。これは、動物のトレーニング術としてよく行われている方法のひとつです。

やってほしいと思っていることを実際にやれるようにするには、まずはじっくり観察することが大切です。インコはときどき予想外の才能を披露してくれますし、それ以上にさまざまな才能が眠っています。よいところを見つけ、ほめて伸ばしてあげてください。

なお、なにかトレーニングをするにあたっては、急がない、急がせないことを気に留めてください。どんなことも身につくには時間がかかります。

また、途中でやめてしまったり、結局できないこともあるかもしれません。それでも、決して怒ったりしないでください。ありのままに受け止めることが大事です。

もっとなでたい……

もっとさわれる子にしたいとか、毎日なでてあげたいなど、インコとの接触の密度を上げたいという希望をもつ人もいるかもしれません。しかし、接触の可否やその度合いは、インコ本人の生理的な好悪によって決まってくる部分も大きいため、トレーニングで変えることはできないと思ってください。

この点については、日々の暮らしのなかでインコの信頼を得ていくことで、少しずつよい方向に変わっていくと信じることが大切だと感じています。

おもちゃはインコの性格に合わせたものを

今現在、インコにはどんなおもちゃを与えたらいいんだろう、と悩んでいる方もいるかもしれません。

その問いの答えは、「インコによって違ってくる」です。

どんな性格の鳥かわかる前にいろいろおもちゃを買い、ケージに入れようとする人もいますが、それはＮＧ。インコにも明確な好き嫌いがあります。気に入るものと、気に入らないものがあり、それは本人でないと判断できません。

また、おもちゃが好きになる鳥もいれば、人工物であるおもちゃそのものが好きになれない鳥もいます。さまざまな理由から怖いと感じる鳥もいます。好きになれないおもちゃを一方的に与えられたインコは、それがじゃまになるだけでなく、存在自体がストレスになったりします。

おもちゃを与えようと思ったときは、構造や材質などを吟味して安全性を確認したうえで買い（あるいは自作し）、インコに見せて、どう思うか判断させてください。本人がそれに関心を示し、遊びたいと思うかどうかが評価の基準です。

身のまわりにあるたくさんのものがおもちゃになる

家の中にもインコが安全に遊べるものが無数にあります。それらをうまく活用しましょう。

たとえば新聞紙。放鳥しながら読んでいると、紙がこすれあうカサカサという音に興味をもったり、人間が紙をめくっているということ自体に関心をもったりします。めくったスペースのあいだに潜り込んで、ちょっとした秘密基地気分を味わったり、めくっているページを噛んで引っぱり、ページめくりを邪魔すること自体も遊びになったりします。

持ち上げたり、運んだり、振り回したりすることが好きなインコなら、テーブルの上に置いたボールペンや鉛筆、大きなサイズのゼムクリップなども遊びの材料にしてしまうかもしれません。実際に、筆者宅で飼育しているオカメは、テーブルの上からそうしたものを順番に床に落とし、落とすものがなくなると拾えと人間に指示を出し、拾い上げるとまた落とす……という遊びを延々とやっています。ケースからティッシューペーパーを引っ張り出したり、引っ張り出したティッシュの先をくるくると丸めて小さな玉をたくさん作るのも、彼らの遊びのひとつです。

かじって壊すもの、鏡のようなものや音が出るものなど、おもちゃもいろいろなものが売られていますが、家庭の中にあるものを上手く利用して、そのインコなりのおもちゃを見つけることもひとつのやり方ではあります。

なににストレスを感じるか

飼育されているインコにとってストレスになりうるものとしては、以下のようなものを挙げることができます。

環境ストレス

・いつも部屋が明るい／不快な音がある／音がうるさい／空気が悪い／家にいるほかの動物が怖い／ケージが狭い／狭い空間にたくさんの仲間が押し込められている／飼育される動物が増えた／人間に家族が増えた／エサが変わった／寒い・暑い／いつも外が見える（カラスやネコなどが見える）／ケージが揺れる（不安定な置かれ方・地震を含む）／人間の生活時間帯が変わった　ほか

人間が与えるストレス

・いやなことを強制される／遊んでくれない（急に遊んでくれなくなった）／（人馴れしていないため）人間が怖い／いつも人間がイライラしている／叱られた／虐待されている　ほか

そのほか

・けがをした／病気になって身体が不自由になった　ほか

ストレスの現れ方と対策

もともとの性格や体質から、ストレスに強いインコもいれば、弱いインコもいます。同じ環境にいても、ストレスを感じる個体と感じない個体がいるのは人間と同じです。

インコの場合、エサを食べなくなったり過食になったりするほか、毛引きをする、自咬する、吐く、そわそわして落ち着かない、怒りっぽくなる、理由もなくほかの鳥や人間にやつあたりをするようになる、（しゃべっていた鳥が）しゃべらなくなる、大声でわめく、ケージの隅に向かってひとりでぼそぼそしゃべるようになる、気落ちしたように沈む、夜になっても眠らない、などの反応が見られるようです。また、ストレスが肉体的な病気を招いてしまうこともありますし、精神面でのさらなる変調を引き起こすこともあります。

対策としては、まず人間が落ち着くこと。それはとても大事です。また、問題が自分や家族にあるとわかった場合は、改善する努力をする。環境にあった場合は、可能な限り改善をすることが肝要です。

原因が不明の場合は、獣医師とも相談して対応を考えると同時に、上記の可能性をひとつずつつぶしていって、原因を特定する努力をしてみてください。解決に近づくための第一歩は、原因の究明から始まります。

こんなことがストレスに

まわりがうるさかったり、「怖い」と思う相手がすぐ近くにいるなど、環境からくるストレスがもっとも多いといわれます。

飼い主がかまってくれなくなった。いつもイライラしている。そんな状況もインコにとってはストレスになります。

病気やケガも大きなストレスです。

インコの声が大きくなるとき

怒っているときや強く主張したいことがあるとき、人間は無意識に声が大きくなります。声を荒げることもあります。インコも同じです。

どうしても許せないと思ったり、強く主張を伝えようとするとき、インコの声は大きくなります。相手の気を引こうとして、「ギギギギギ」などと連続する大きな声をあげることもあります。

その一方で、なにかおもしろいものを見つけたときや嬉しいことがあったときに「歓声」を上げるインコもいます。これは、大量のエサを見つけた鳥が仲間を呼ぶためにあげる類のものというより、「嬉しさを隠せない」タイプのインコが、喜びのあまり「つい声を上げてしまった」という感じのもののようです。

声の大きさは種によってさまざま

一口で大声といっても、実はさまざまで、オカメやセキセイでは声が極端に大きくなることは少ない一方、ボタンインコやコザクラインコなどのラブバード類は、耳をふさぎたくなるほどの声になることもあります。

もともと声が大きいラブバード類や中南米系のインコ、たとえばコガネメキシコインコなどの場合、ほんのちょっと気持ちが高ぶっただけで——実際にはさほど怒ったり機嫌を損ねていなくても、かなりの大声になることがあります。そのインコがもともと大声体質であった場合などは、てきめんです。

こうした声に関して、「うちの子は絶叫するので飼いにくい……」、「ひんぱんに大きな声を出すなんて、問題のある子なのだろうか？」と悩んでいる飼い主さんも見うけられますが、そうしたインコの多くは生来の声を出しているだけのごく自然な反応で、問題視するような声ではないことがほとんどのようです。

このようなケースは、そのインコが種としてどんな性格をもっているのか十分に把握する前に飼い始めたことによって起こったトラブルといえます。インコの中には生まれもって声の大きい種がいて、その中にさらに声の大きな個体がいることは、飼育を検討する時点で十分に調べて理解（覚悟）しておくべきでしょう。

生まれつき声の大きなインコの種

どんなインコが声が大きくなるのかといえば、一般的には、開けた草原に暮らすインコに比べて、見晴らしが悪く、常時ほかの動物の声も響く（静かではない）ジャングルに暮らすインコに、声が大きくなる傾向があります。

それは、「自分がここにいる」ということを伝える際に、大きな声でないと環境的に仲間に伝わらなかったためです。ジャングルのような環境では、近くにいるのか遠くにいるのかわからない仲間を呼ぼうとしたとき、できるだけ大きな声で呼ぶことは必定だったのでしょう。飼育されるようになってもこの習性は残り続けたため、「ふだんから大きな声を出す種」となったわけです。また、こうした種類のインコは、仲間と出会ったときの挨拶や、仲間にそばに来てほしいときも大きな声で鳴きます。それが彼らにとっては自然な行動だからです。

なお、比較的開けたところに暮らしていたにもかかわらず声が大きいラブバード類は、ジャングル系のインコとは異なり、種としてもっている気の強さが声にも出て、日常的に大きな声になっていると考えられています。

大きな声を覚悟したい身近なインコ

- コザクラインコ、ボタンインコなど、ラブバード類
- ワカケホンセイインコ
- コガネメキシコインコ
- タイハク、コバタンなどの白系大型インコ
- 大型インコ一般　ほか

トラウマになること、トラウマの残り方

インコの場合も、幼いころ、若いころに体験した怖いできごとがトラウマとして残り、のちに行動に制限ができてしまったり、性格形成に影響を与えてしまうことがあります。神経が過敏になってしまったり、人間不信に陥ることもあります。

人間もインコも時間が経つと記憶が薄れていき、トラウマとして残ってしまったものも弱まる傾向がありますが、命にかかわるほどの恐怖は簡単には消えてゆかず、死ぬまでその鳥の心の中に留まり続けることもあるようです。

トラウマをもつインコに対しては、焦らず、じっくり時間をかけてその心と向き合ってあげることがなにより大切です。愛情が必要なことはいうまでもありません。

要因

トラウマとして残る可能性があるのは、おもに以下の3つと考えられます。

トラウマの要因

❶ 虐待など、人間よって行われた行為に対して感じた恐怖や苦痛
❷ 事故にあった記憶（特に生死にかかわるような事故）
❸ 継続する激しい音など、環境から生じるもの

具体例

参考までに、重篤な事態に至らなかった実例2件について、インコが体験した事件とその後の経過などを解説してみます。

① 水を張った洗濯槽に落ちた：オカメインコ、1歳、オス

［状況／対応］ 飼い主が見ている目の前だったため、10秒ほどで救出。

洗剤も入っていない真水の状態であったことから、タオルとドライヤーで乾燥。

その場所からインコが自力で這い上がることは不可能だったため、気づかなければ溺死した可能性もあった。

事件のあと、見た目には大きなショックもなく、いつもと同じようにすごしていたが、その後、まったく水浴びをしなくなり、次に水浴びをする姿を見たのは事故から２年後の３歳になったときだった。

② 人間に踏まれ生死の境をさまよった：オカメインコ、５歳、オス

［状況／対応］ 日中、５羽を同時に放鳥していたとき、震度５の地震が起こった。地震に対してもっとも敏感だった当時８歳のメスが勢いよく飛翔し、窓ガラスに激突。脳震盪（のうしんとう）を起こしたため、彼女のもとに急いで駆け寄ろうとしたところ、足元の座布団の上に一羽がいて、踏まれてしまった。柔らかい座布団の上にいたことに加え、違和感に気づいた人間が完全に踏む前に飛び退いたため、即死には至らず。

インコは自力でランプシェードまで飛び上がったものの、全身打撲、大腿部骨折の重症。その後、ただちに病院に行き、診察と治療を受け、抗生剤など必要と思われる薬を処方してもらったが、ショックと痛みからエサを食べなくなり、一週間ほど生死の境をさまよう。最終的に死ぬような事態にはいたらなかったものの、体調面など完全に回復するのに半年以上を要した。

しかし、踏まれたときにかかっていた音楽は明確に覚えていて、事件から４年が経ったのちにも、その音楽を聞くと体が過緊張するようすが観察された。その音楽と踏まれた体験がセットとして記憶に刻まれたものと推察。また事故後、思い通りにならないと怒りだすような性格の変化も観察された（もともとはおっとりした鳥だった）。

心の病気になることもある

たとえば、「毛引き」という症例があります。インコがクチバシで自身の羽毛を抜いてしまうことをいいます。羽毛ではなく自分の皮膚にクチバシを立ててしまう「自咬症」という症例もあります。いつもそうなるわけではありませんが、毛引きの延長として自咬がおこるケースもあるようです。

発症に至るメカニズムもまだ十分には解明されていませんが、毛引きは、内臓疾患などの肉体面での問題があって起こるケース、温度や湿度などの環境に起因するケース、精神的な問題から起こるケースなど、複数の要因があると考えられています。このうち精神的な問題については、人間との関係（関係の変化も含む）に加えて、ケージの位置やほかの鳥・動物の配置などといった住環境から生じる影響を含んでいます。

いずれの要因によるとしても、野生では毛引きは一切発生しないことから、飼育によって生じる問題であるのは確かなようです。

毛引きになる鳥、ならない鳥

毛引きにいたるには、その鳥のもつもともとの性格と、飼い主を含めた環境に関して、一定の条件があると推察されています。

一羽飼いで、人懐っこく、飼い主との交流密度の高いインコは、そうでないインコに比べて毛引きを発症する確率が高まる傾向があります。人懐っこいインコというのは、人間に依存しやすいタイプの鳥でもあります。これに対して、常にマイペースな鳥、ぼんやりしているタイプの鳥、鷹揚な精神をもった鳥は毛引きにはなりにくいと鳥の専門医はいいます。つまり、人間と仲のよい関係になりやすいインコほど、可能性は高くなるということのようです。

一方で、ヒナのとき、長い期間にわたって親鳥が世話をしたインコほど毛引きになりにくいという研究報告もあがっています。親鳥との接触期間が長いことでホルモンなどの分泌も促され、安定した心のベースが形成されていくことが影響しているのではないかと考えられています。

全身を覆う羽毛は体の一部であり、鳥にとってとても大切なものです。どんなストレスがあったとしても、鳥として真っ当な精神状態であったなら、それを自身で引き抜くなど、通常ありえることではありません。にもかかわらず毛引いてしまうのは、そうしてしまうだけの、鳥としての本能を超える強い衝動があるということです。

毛引きになるかならないかはそのときにならないとわからないため、明確な対策というものは存在しません。ただ、ヒナのときから人間べったりに育てずに、少し距離を置いて自立心の高い鳥に育てることが毛引きの回避につながることは事実のようです。

万が一インコが毛引きをするようになってしまったなら、早めに一度、鳥の専門医に相談してください。内臓系などに疾患がないことが確認されたのち、メンタル面のケアについての指導があるはずです。

なお、インコが毛引きを始めると慌てたり、深く悩んでしまう飼い主の方も多くいますが、心配のあまり「大丈夫？」と何度もケージをのぞき込むことは、インコ自身に余計な圧力をかけることにもつながり、結果、毛引きを悪化させてしまうかもしれません。ゆったりかまえることも必要です。

ほとんどの場合、インコの毛引きは脇の下から始まり、腹部へと広がります。脇の下の羽毛が減り始めたら、毛引きの黄信号です。

こんなとき、こんな状況で、毛引きの危険が高まります

・ほかの鳥が来たことで飼い主の関心がその鳥に移った（と感じた）／あまり遊んであげていない（鳥は退屈だと強く思っている）／（子供が生まれるなど）家族が増えた／飼い主の気分にむらがあり、かまう日とかまわない日がある／（毛引きを始めたとき、飼い主が異常に心配したことで）羽毛を抜くと飼い主の関心が得られるとインコが思い込んでしまった（学習した）／いつもいっしょだった飼い主と離れる時間が増えた　など

発情したインコとのつきあい方

　発情したインコの多くは気が荒くなります。巣や巣とみなした場所を守るためなら、インコから見て巨大な存在である人間に襲いかかることも躊躇しません。性ホルモンの影響下にあるインコの心の中では、巣を守り、子孫を残そうという本能が強まるために、そうした鳥に変貌してしまいます。よく人間に馴れているインコも、例外ではありません。

　ふだんは大人しいオスのオカメでさえ、仮想的な巣やナワバリと決めた場所に近寄った相手に対して激しく襲いかかってきたりします。「なでて」と頭を押しつけてくるのが日課であり、その日もなでてもらっていた人間にさえも飛びかかり、激しく噛みついたりすることがあります。しかし、次の瞬間、「あれ？　どうしてぼくは手に噛みついているんだろう？」ときょとんとした顔を見せることもあります。

　「恋の病」ではありませんが、こうした時期のインコはいつもよりも興奮しやすく、精神的に通常とは違う状態になってしまっています。そして、それは自身でも上手くコントロールできません。

人間にできること

人間もホルモンの周期によってどうしても苛立ってしまうことがあります。発情期のインコも同じだと思って、なるべく刺激しないようにしてあげてください。ナワバリだと思っている場所で襲いかかってくるインコも、そこから少し（たとえば1メートルとか、2メートル）離れただけで、いつものフレンドリーな鳥に戻ります。離れた場所から呼びかけて、巣から遠ざけることで日常を取り戻すことも可能なはずです。

「うちの子が急に気が荒くなってしまいました。どうしたらいいでしょうか？」と悲鳴を上げ、対策を尋ねる人もいますが、ちょっとした嵐だと割り切って、なるべく刺激せずにその時期をやりすごすのが一番です。

発情で気が立っているピークは1・2週間ですぎ去ってしまいます。どこでなにをすれば攻撃してくるのかなど、人間側も少しだけ学習して上手くかわしつづければ、意外と早くすぎてしまうことでしょう。

発情して気が荒くなるのも、鳥として自然な反応です。そういうものと思って、あまり相手を刺激せず、時期がすぎ去るのを待ちましょう。

インコが太るメカニズム

肥満は飼育されているインコにとって大きな問題です。肥満の要因はいろいろありますが、生まれながらに代謝が低い「低代謝」やホルモンの異常によるものを除けば、多くはエサの過剰摂取によって起こっています。

ほとんどの家庭で、エサ箱は常にケージにセットされていて、インコは食べたいときに食べたいだけ食べられるようになっています。脂肪分の多い食餌が与えられていたり、必要のないおやつが与えられていることもあります。美味しいものをいつもおなかいっぱい食べていたら、太らないわけがありません。

部屋を明るくしている時間が長いことで、インコがエサ箱の前にいる時間が伸び、その結果、よりたくさん食べるようになって体重が増えたというケースもあります。

また、インコも一定年齢をすぎると老化が始まり代謝が落ちてきますが、歳を取ったという実感がないため、若いころと同じように食べてしまうインコも少なくありません。代謝が高かったころと同じだけ食べていれば太ってしまうのは当然のことです。このほか、オスが吐き戻してくれたものをもらいすぎて（拒絶することができずに）太るメスもいます。

過食に走る精神状態

ストレスや精神的な問題から過食に走るインコもいます。まず挙げられるのが、暇と寂しさです。

暇だし、することもないからとりあえず食べようか……と思って食べているインコもいます。また、つがいの相手が死んでしまったり、急に飼い主にかまってもらえなくなったことで生じた寂しさを、食べることで埋めようとするインコもいます。環境が変わるなどしてイライラしているときに、脳が「とりあえず食べて落ち着け」という信号を出し、それに従うように食べてしまうこともあります。こんな点でも、インコは人間によく似ています。

このほか、狭いケージに複数羽が押し込められているような密飼いの状態もインコたちにはストレスで、この場合も、ほかのケースと同様に過食に走ってしまう例があることが報告されています。

体重管理は健康管理

太ると心臓や肝臓に負担がかかり、さまざまな病気を引き起こすきっかけにもなってしまいます。長く、楽しく暮らしていくためには、ふだんから太らないように注意することが大切。定期的に（できれば毎日）体重を量って把握しておくことで、肥満を防ぐことが可能です。体重が増えてきたと感じたら、いつもより少し早めに寝かしつけてください。エサ箱に入れるエサの量をいつもより減らすのも効果があります。

なぜ、事故は起きるのか

インコの事故にはいくつか種類がありますが、「外に逃げてしまった」という事例については先にも触れていますので、ここではいわゆる「ケガ」と「誤飲」について解説していきます。

誤って踏んでしまった、扉に挟まってしまった、お湯や油の中に落ちた、熱いところにとまってしまった、食べてはいけないものや有害なものを食べてしまったなど、悲しい事件はあとをたちません。

実は、馴れた飼い鳥についてのそうした事件は何百年も前から起こっていて、江戸時代に書かれたエッセイにも、「足元にいたスズメに気がつかずに踏んでしまった。酒粕を食べた鳥が死んでしまった……」などの記述が残されています。スズメなどは平安時代から千年以上も日本人に飼育されてきたので、こうした事故は過去、数限りなく起こってきたのでしょう。

事故が起こる理由

悲しいことですが、事故が起こる最大の原因は、「信頼」と「油断」です。こんなに自分を愛してくれる飼い主が自分を傷つけるようなことをするはずがないと、事故にあうインコは信じています。だからこそ、警戒することなく足元を歩き、まとわりつき、追いかけて飛んでくるわけです。

もちろん、人間側にも油断があります。まさかドアを閉めようとした瞬間、自分に向かって飛んでくるはずがないなどと思い、閉めたらそこにいた。いると思わないところに一歩を踏み出したら、そこにいて踏んでしまったなど。ふだんの暮らしからの慣れが心に油断を呼び、さらにインコと人間の両者の油断や信頼が重なってしまったときに事故は起こっています。

人間はいつもインコのことを思い、インコは人間を信頼する。微笑ましい関係の中にこそ、事故の要因は潜んでいます。ですので、なにかに気を取られそうになっても、隣の部屋に移動しようと思ったときも、行動の前には必ずインコの居場所を確認してください。それが、事故を防ぐ唯一の方法です。

とりあえず食べてみる習性もあだに

食べ物に見えるが本当に食べても平気なのか判断がつかないとき、少しの量を食べてみて、おなかが痛くなったり気持ちが悪くなったら次は食べない、という選択をインコを含めた野生の動物はしています。自然の中では、そういうやり方が選択肢のひとつとして存在しているからです。

しかし、人間の家の中には、有害なものや消化できないものもたくさんあります。わずかな量をかじっただけでも死に至るようなものも存在します。内臓の途中に引っかかってしまうような小物も少なくありません。

誤飲や誤食、それによる中毒などの事故を防ぐためには、何が危険なのかを飼い主側でしっかり把握しておいて、危険なものはかじらせない、近寄らせないことが大事です。

この点について、人間が認識しておきたいことは以下のとおりです。

人間がしっかり認識しておきたいこと

1. **人間が好きなインコは人間を信頼し、油断しています。そのため人間には、事故が起きないように常に注意する「義務」があります。**
2. **テフロン製品から発生するガスや鉛などの重金属、有毒な観葉植物などについての知識を身につけておくことも飼い主には絶対に必要です。**
3. **インコをケージから出しているときは必ずそばにいてなにをしているのか把握しておくこと。複数飼いの場合、一度に把握できる数以上の放鳥はしないことも大事です。**

昼と夜の時間の管理

インコが病気になったとき、「鳥は眠くなったらいつでも寝られますから、電気は点けっぱなしにしておいてください。いまはとにかく、なにか食べてもらうことのほうが大事です」と獣医師にいわれることもあると思います。

確かに、インコもほかの鳥たちも、明るい時間にも眠っています。ことにオカメの場合、起きてなにか食べたあとの午前中と、夕方になる手前の午後の時間、うとうとしていたり熟睡している姿もよく見られます。

眠くなったら寝る、そして細かい睡眠時間の継ぎ合わせで十分な眠りが確保できるのが鳥ですが、それでも夜間がずっと明るい状態だと、苛立ってくるなど、体調や精神状態に異変が生じてきます。夜はちゃんと暗くしてほしいというのが、鳥たちの生理からの願いです。

また、軽量化の結果、鳥たちの骨はスカスカです。頭蓋骨も例外ではなく、太陽光はもちろん、電灯の光でさえも薄い骨をとおして直接脳に届いていることが確認されています。そして、もっとも光が当たりやすい頭頂部には、記憶と深く結びついた部位・海馬があります。表面的には眠っていても、この部分に光が届いていることで脳は活動を続けていると推測されています。脳を休ませるという意味からも、眠るときは照明を落として暗くしてあげることが必要です。

何時に起こして何時に眠らせる？

インコにも一定のホルモン周期があるため、日の出とともに起こして、日の入りとともに眠らせるのが理想ですが、人間との生活では、それはなかなか困難です。

起こすのは人間の活動に合わせるかたちでかまいません。ただ、夏場は10～12時間、冬場は12～14時間をめどに、十分な睡眠時間を確保してあげてください。一年を通して一定の睡眠でもかまわないのですが、日が長くなる夏場は少しだけ短く、逆に冬場は少し長く眠らせることで、体にも季節のリズムに沿ったリズムができて、インコの体調面、精神面の安定度が少し高まります。

とはいえ、長い睡眠時間が取れているとしても、日々、深夜遅くまで起こし続けることは推奨しません。深夜2時、3時まで起きている生活は鳥的にとても不自然です。無用な病気にならないためにも、できるだけ午前中の早い時間に起こし、夜はできれば夕方すぎに、遅くとも日付の変わる前には眠らせてあげたいものです。

暗闇に目が慣れるのに、鳥は人間の何倍も時間がかかります。そのためケージを布で覆っただけで暗くなった→眠らなきゃ、と認識します。

食が細くなってしまったときにできること

病気や心理的な要因から、インコの食が細くなってしまったり、ほとんど食べなくなってしまうことがあります。鳥の場合、とにかく食べないと命にかかわるため、最終的には獣医師の手による強制給餌になってしまうことも多いのですが、一口でも多く自発的に食べてもらうために家庭でできることもいくつかあります。その方法を、ここでは解説してみます。

複数飼いの利点

個人主義でありながら、群れの中にいて安心するのが鳥です。複数飼いをしている方は実感していると思いますが、インコはけっこうほかの鳥の行動を見ていますし、声も聞いています。となりに引っぱられるように同じ行動を取ることも多いのです。食欲が落ちている場合も、となりのケージの鳥がエサを食べるのを見ることで、「自分も食べなきゃ」と思い、一口、二口と食べ始めるケースも多々あります。

インコにとって、自分以外の鳥が家にいるのは心強いものです。特に病気などで心が弱っているときは、ふだんの仲の善し悪しに関係なく、その存在自体が励ましにもなります。インコにはそうした性質もあるので、一羽では寂しそうだからもう一羽増やそうかと考え中の方、まさかのときの保険という意味合いもかねて、複数飼いを前向きに検討してみてください。

人間にできること

よく慣れているインコ、人間の食べ物をほしがるインコの場合、ケージの前など、近い場所で人間が三食を取ることもはげましになります。

家族の理解が得られるなら、食事の際に人間のご飯とは別に専用の皿にインコのためのエサ、インコのための青菜（サラダ）などを用意して、同じテーブルで食事をすることで食欲をかきたてることも可能でしょう。この方法は、実際にやってみたことがあります。

食欲の落ちたインコのケージの前で、「おいしいね」「おいしいよ」と声をかけながら、一日に何度もなにかを食べてみせる、というやり方もあります。この方法にもそれなりの（ときに大きな）効果があるのですが、人間が太ってしまうというマイナス面もあるので、実際にやる場合は食べる食材を選びながら試してみてください。

いずれにしても、食べないインコに食べてもらうには、ほかの鳥か人間が、その鳥に見える場所でなにかを食べてみせる。またその際には、安心させるようにやさしく声をかける、という方法が、家庭でできる最有力の方法であるように思います。

ポイントは、いっしょに食べる

いっしょに食べると、いつもよりおいしいと感じるのはインコも同じです。

野生と飼育下の違いについて

野生の鳥は、風雨にさらされながら生き、常に外敵にも狙われてもいます。また、いつもエサが見つかるとはかぎりません。多くのストレスに囲まれて生きているのが野鳥です。

今を生き延び、明日へと命をつなぐためのエサを探し、春がきたら子孫を残すために精一杯の努力をする。そこには生きること以外に割く余力はありません。のんびりしたり、遊んだりする「ゆとり」は、彼らの生活の中にはないのです。幸か不幸か、毛引きをしようなどと思う余裕すらありません。

それに対し飼育されている鳥は、風雨にさらされる心配もなければ、一日の大半をエサ探しに費やす必要もありません。そうしたことはすべて人間が肩代わりしてくれているからです。イヌやネコなどの捕食者が近くにいることもありますが、ほとんどの場合、人間の手で隔てられているうえ、まさかのときにはシェルター代わりのケージが守ってくれます。

こうしたメリットがある反面、人間のもとではどうしても緊張感が保てなくなることから、「危険を回避する本能」や「警戒心」が弱まってしまいます。これが飼育される鳥の最大のデメリットです。また、人間に対する依存心が強まると、相対的に自立心は弱くなります。運動量が減ることで、体力と免疫力が落ちてくるという指摘もあります。

飼育されることで開放される鳥の脳力

こうしたメリット、デメリットが生まれる人間との生活ですが、ほかにも大きな変化を鳥たちに生じさせます。

クローズされた状態にあった好奇心が、人間のもとで暮らすことによって開放されることは先にも解説したとおりです。それは、人間の家という安全が保障された環境がもたらした鳥の心の変化です。そしてそこには、常に追い立てられている野生には存在しない「暇」な時間、「時間的余裕」がありました。

「なまじ暇があると、ろくなことを考えない」ということばもありますが、それはある意味、的を射ています。暇があるということは、いろいろ考えて、いいことも悪いこともやってみる余裕ができるということだからです。人間は、道具を使って仕事を効率化することで余分な時間が持てるようになり、その結果、文明を発達させてきました。暇をもてあましたインコがなにかにトライしてみたり、いたずらしてみたりするのも、暇になったことで、脳の活動の幅が広がったということにほかなりません。

野生ではロックがかかってる状態の脳が、飼育されることで開放され、その脳としてできる「本来の実力」を示すことができるようになる。それを私たちに教えてくれたのが、ペッパーバーグ博士のもとにいたヨウムのアレックスでした（40ページ）。

飼育されている鳥は、たくさん遊びます。そのときさまざまなことを考えているようです。

人間のもとでの一生と寿命

年齢換算表をもとにインコの成長過程を追ってみましょう。
ここではセキセイインコをベースに解説します。

年齢換算表

ヒト	ネコ	セキセイ
6か月	2週間	
2歳	1か月	
5歳	3か月	
12歳	6か月	
14歳		3か月
18歳	1歳	
20歳		
24歳	2歳	
28歳	3歳	1歳
32歳	4歳	2歳
40歳	6歳	4歳
48歳	8歳	6歳
56歳	10歳	8歳
64歳	12歳	10歳
72歳	14歳	12歳
80歳	16歳	14歳
88歳	18歳	16歳

生後2〜5週間

ヒナ鳥として人間のもとに迎えられるのがこの時期。自力では生きていくことができず、人間に対して「親」を求めます。羽が伸びてきて自分でエサを食べられるようになると、自分の暮らす環境にも関心をもつようになり、いたずらも始まります。いろいろかじってみたりもしますが、この時期にかじることは、インコの脳と心の成長に不可欠。かじってはいけないものを遠ざけ、あたたかく見守ってください。

生後2〜6カ月

人間でいえば小学校高学年から高校生くらい。親の手助けがなくても生活できるようになり、自立心も強まります。この時期、「急に人間と距離を置くようになった」「甘えてこなくなった」という声を聞くことがありますが、特になにかがあったということではなく、インコの心が少し大人に近づいたことによる変化であることが多いようです。

生後半年〜1年

インコは初めての換羽も終え、肉体的にも一人前の大人になります。1歳になるころには人間でいうところの20代半ばに至ります。結婚の適齢期です。ほかのインコやときには人間に対して求愛の意思を見せ始めます。

5〜10歳

壮年期です。若いころはやんちゃだった鳥も、少しずつ落ち着いてきます。体内ではゆっくり老化も始まっていますが、肉体的な衰えはほとんど感じられません。

14〜16歳

この時期まで生きているのは相当な長寿インコです。白内障で目が見えなくなったり、足が弱くなったり、飛翔力が落ちる、長く寝るようになるなど、老化の影響が出る鳥も多くなります。

column6

インコもする車酔い

そうした場に遭遇しないと信じられないかもしれませんが、インコを含めた鳥たちの中にも車酔いをするものがいます。

ずっと健康で、なにも心配することのなかったインコが、車の中で急に頭を振るようにして吐き出せば、飼い主は驚き、ときにパニックに襲われたりもします。「車に酔う」ことなど、想定していなかったからです。

実はイヌやネコにも車に酔ってしまう個体がけっこういます。ふだんは平気でも、体調が悪くなると酔ってしまうものもいます。

鳥やネコはふだんから自由に飛び回ったり、高い場所に上がったり降りたりしていますが、そうした移動は自発的なものであり、祖先の代から体になじんだものであるため、平衡感覚をつかさどる彼らの三半規管はそうした移動の震動を十分に受け止めることができます。

それに対し、機械的な移動手段である自動車や電車の震動はなじみがないこともあって、あまり得意ではなく、上手く対応できない個体（三半規管の弱い個体）は衝撃を受け止めきれずに車酔いを起こしてしまうというわけです。

インコたちにとっては、こうしたこともまた、人間に飼育されるようになって生じたちょっとしたリスクなのかもしれません。

まとめにかえて
インコとの暮らしで大切なこと

インコと長く、楽しく暮らしていくために一番大事なことは、「愛すること」です。ただ、その際は、一定の距離を置き、甘やかしすぎないことが大切です。正しく愛して、できることなら生物としての天寿をまっとうするまで長生きをさせてあげてください。

長生きさせる秘訣は、日ごろからよく相手を観察して、基本的な性格や状態、行動のパターンを把握しておくこと。相手をよく知っていれば、微妙な変化や異常に気づくことができます。かすかな病気のサインや、心の乱れに気づくことで、問題に早く向き合うことができ、早めに解決することができます。それは、インコと人間の双方にとって、大きなプラスです。

また、インコと接する際は、インコの感じるほどよい距離感と個性を尊重してつきあってあげてください。ただし、いつまでもケージの外で遊んでいたい、人間に甘えていたいというインコに従うのはダメです。ここまで、というラインをはっきり決めて、一貫した姿勢で対応してください。いつも同じくらいの時間にすることで、そういうものなのかとインコも理解します。自分もインコと遊んでいたし、まぁいいいか、という考えはけっしてインコのためになりません。

こんな鳥にしたいという思惑を一方的に押しつけることも、よくないことです。相手も自分の意思をもった一羽の生き物。無理強いは、無用な精神的ストレスを生みます。そして、そのストレスは、体調や精神状態にも影響を与えます。特に若いインコを育てる際は、個性を見きわめて、それに沿った飼育・育児を考えてみてください。

追記

インコの複数飼いには確かにメリットもありますが、一人、あるいは家族で飼育できる数には限界があります。キャパシティーを超えると、一羽一羽をしっかり見ることが難しくなります。体調や精神面で異常が生じたときも気づくのが遅れる可能性が高くなりますから、無闇にその数を増やしたりしないでください。また、相性の悪い鳥種もありますから、家に招き入れる際にはよく調べて、無用なトラブルを招かないようにしてください。

インコと暮らすにあたり、覚えておきたい大切なこと

1 日ごろから、よく観察すること

2 個性を尊重すること

3 甘やかしすぎないこと。ほどよい距離感を維持すること

4 愛すること。ただし、人間扱いしたり、子供扱いしないこと

索引

おもな参考文献

藤田和生『動物たちのゆたかな心』京都大学学術出版会 2007年

桜井富士朗ほか著『ペットと暮らす行動学と関係学』アドスリー 2000年

渡辺茂『ヒト型脳とハト型脳』文春新書 2001年

渡辺茂『ハトがわかればヒトがみえる』共立出版 1997年

渡辺茂『鳥脳力』化学同人 2010年

渡辺茂・岡市広成編『比較海馬学』ナカニシヤ出版 2008年

岡ノ谷一夫『小鳥の歌からヒトの言葉へ』岩波科学ライブラリー 2003年

小西正一『小鳥はなぜ歌うのか』岩波新書 1994年

細川博昭『鳥の脳力を探る』サイエンス・アイ新書 2008年

支倉槙人『ペットは人間をどう見ているのか』技術評論社 2010年

細川博昭『大江戸飼い鳥草紙』吉川弘文館 2006年

細川博昭・木村伶共著『飼い鳥・困った時に読む本』誠文堂新光社 2006年

小嶋篤史『コンパニオンバードの病気百科』誠文堂新光社 2010年

奥野卓司・森裕司編『ペットと社会』（ヒトと動物の関係学　第3巻）岩波書店　2008年

中島定彦『アニマルラーニング』ナカニシヤ出版 2002年

M・ブライト著、丸武志訳『鳥の生活』平凡社 1997年

アイリーン・ペッパーバーグ著、渡辺茂ほか訳『アレックス・スタディ』共立出版 2003年

アイリーン・M・ペパーバーグ著、佐柳信男訳『アレックスと私』幻冬舎 2010年

ジャック・ヴォークレール著、鈴木光太郎・小林哲生訳『動物のこころを探る』新曜社 1999年

マリアン・S・ドーキンズ著、長野敬ほか訳　『動物たちの心の世界』青土社 1995年

雑誌『遺伝』特集：「音声コミュニケーション—その進化と神経機構」裳華房 2005年11月号

このほか、多くの書籍、論文、記事などを参考にしています。

著者プロフィール
細川 博昭（ほそかわ・ひろあき）

作家。サイエンス・ライター。鳥を中心に、歴史と科学の両面から人間と動物の関係をルポルタージュするほか、先端の科学・技術を紹介する記事も執筆。おもな著作に、『飼い鳥：困った時に読む本』（誠文堂新光社）、『大江戸飼い鳥草紙』（吉川弘文館）、『鳥の脳力を探る』『身近な鳥のふしぎ』（ソフトバンククリエイティブ・サイエンスアイ新書）などがある。支倉槙人名義でも『ペットは人間をどう見ているのか』（技術評論社）や『眠れぬ江戸の怖い話』（こう書房）などの著作をもつ。日本鳥学会、ヒトと動物の関係学会、生き物文化誌学会ほか所属。

STAFF
イラスト　camiyama emi
デザイン　宇都宮三鈴
表組み・一部イラスト(p.24.27)　支倉槙人事務所
写真　大橋和宏　(株)トリノスタジオ

撮影協力（敬称略、五十音順）
阿部すみえ、今井とも江、オカメの翔国　草彅義勅、木皿儀瞳、工藤美津子、佐々木久美、渋谷典子、関根ひとみ　こんぱまる上野店、ペットショップアイランド、みずよし貿易有限会社

インコの心理がわかる本
セキセイインコとオカメインコを中心にひもとく　NDC646.8

2011年　5月30日　発　行
2014年　2月10日　第5刷

著　者　細川博昭
発行者　小川雄一
発行所　株式会社誠文堂新光社
〒113-0033　東京都文京区本郷 3-3-11
（編集）電話 03-5800-5779
（販売）電話 03-5800-5780
http://www.seibundo-shinkosha.net/

印刷・製本　(株)大丸グラフィックス

ISBN978-4-416-71117-0